スポット溶接での
品質管理と品質保証

―自動車ボデー大量生産のオペレーション―

松山欽一・近藤正恒 著

産報出版

まえがき

　生産工学としてみると，自動車ボデーの接合技術として採用されているスポット溶接部の品質確保手法は，橋梁・鉄骨などを製作するインフラ産業の対極にある。橋梁・鉄骨産業では，アーク溶接を主に用いて部材を溶接して製品を完成させる関係で，溶接部の品質はアーク溶接技能者の腕に掛かっている。

　これに対し，スポット溶接を主として用いる自動車などの産業では，溶接はロボットなどの自動機を用いて行い，製品の品質はスポット溶接機とその関連設備を含めたスポット溶接システム全体の設備工程能力で確保している。スポット溶接作業者は，通常，溶接機のスタートボタンを押すだけで，アーク溶接技能者のような特別な資格は要求されない。製品の品質保証は，必要な設備工程能力を生産（量産）開始前に実現することで確保している。

　この設備工程能力を確保するために，自動車会社では生産技術部門の役割が大きい。設計と工場だけでは安定した品質は実現できない。

　自動車等の量産工場に適用できる溶接施工要領書は，橋梁，鉄鋼産業などのアーク溶接を主に用いる産業で採用されている溶接作業者の技能を前提として開発された JIS Z 3400（溶接の品質要求事項）や JIS Z 3420（溶接施工要領及び承認）などの品質管理規格群を参照するだけでは作ることができない。

　そこで，スポット溶接での品質管理と品質保証技術を論じるために，溶接作業者の技能に依存しないで溶接品質を確保する品質管理手法に関する考え方をまず整理し，その後，この新しい概念に基づいてスポット溶接のための溶接施工要領書を作成する上で必要となる試験方法及び生産（量産）ラインでの溶接品質の確認・検査方法をまとめることにした。

　溶接品質確保の新しい考え方としては，自動車産業の生産技術者の

間で以前から醸成されてきた"製造前に品質をつくり込む"という概念を採用した。

　第1章では，この"製造前に品質をつくり込む"という概念を基に，現在，日本だけでなく世界的に採用されているISO 9000シリーズの品質管理規格に書かれている管理指針をまず紹介し，溶接界でこのISO 9000シリーズの概念を実現するために発行されているISO 3834シリーズ（日本の対応規格は，JIS Z 3400）の問題点を説明し，大量生産工場に適用できる新しい品質管理手法と，この新しい概念に基づいた溶接施工要領書の作成手順をまとめている。

　第2章では，この"製造前に品質をつくり込む"という概念を実現するために，量産工程前に実施する製造前溶接試験として必要な各種試験方法を，溶接品質を確保する試験と設備工程能力を確保する試験に分けて整理している。

　第3章では，製品の量産時に製造ラインで製品の品質や生産システムの稼働状態を確認するために必要となる検査方法について，製造時の各種インライン品質検査手法を含めてまとめている。

　本書は，自動車会社やその関連企業で，製品の品質管理に携わる溶接技術者だけでなく，製品の開発に関わる企画担当者，基本図面だけでなく生産図面を作成する設計関係者をも対象として作成した。しかし，記載内容は，これらの部門を目指す方にも理解できるようにできるだけ平易な形でまとめている。

　本書の第1章と附録2の執筆に当たり，橋梁・鉄骨などのインフラ産業及び造船などの厚板を利用する産業との対比内容を精査するために日立造船（株）の北側彰一氏のご協力をいただいた。ここで謝意を示します。また，本書をまとめるに当たって種々の著作物を引用・参考にさせていただいた。文献に記した各著者の方々に謝意を表します。

　本書が，スポット溶接部の品質管理技術の向上と品質保証技術開発並びに改善の糧になれば幸いです。

2024年2月　　著者しるす

目　次

第3章　製造現場で利用できる品質管理と検査技術

第 1 章
大量生産工場での品質保証技術

1.1　日本で花開いた品質管理技術と ISO 9000 の関係

1.1.1　PDCA サイクルを基にした日本での品質管理技術の発展と米国への波及

　科学技術に立脚した本格的な品質保証技術が日本で実用され始めたのは，第二次世界大戦終了後である。1950 年に行われたデミング博士の品質管理に関する講演をきっかけにして，PDCA サイクルと統計的手法を用いる新しい品質管理の手法が日本で急速に普及・発展した[1-1]。デミング博士の講演は，日本の産業界にとっては新鮮な内容で，トップダウンの重要性を説き，経営トップを含めた全社的な品質改善手法の有効性を教えた。この講演は，当時の疲弊した日本産業界に大きな影響を与え，日本科学技術連盟（日科技連）が開始したデミング賞と相まって，その後の日本での品質改善活動発展の礎となった。

　1960 年代には，現場中心で品質管理（QC）を進める "QC サークル活動／小集団活動" が日科技連によって開始され，普及した[1-2]。結果として，製品

コラム 1　PDCA サイクルとは

　PDCA サイクルは，ベル研究所のシューハート博士が 1939 年に発表した品質改善手続きをサークルの形で表現し，努力の繰り返しで実現していく手法[1-3]。"P" は Plan（計画），"D" は Do（実行），"C" は Check（確認），そして，"A" は Act（改善）の行動を行うことを意味している。

　なお，後年のデミング博士は，PDCA サイクルの "C" の表現は適切ではないとし，"S"/Study（調査・研究）を用いた PDSA サイクルと変更している[1-4]。

表1.1　1980年代以降でまとめられた欧米と日本的アプローチの違い[*]

特　性	欧米的アプローチ	日本的アプローチ
習　慣	マニュアル主義（重視） 契約社会	マニュアル不要（あるいは軽視） 根回し社会
立　場	購入者の立場 供給者（生産者）に要求事項を指示	供給者（生産者）の立場 購入者に保証
保証の考え方	・契約重視 ・供給者への立ち入り監査（第3者による） ・システム（または要領書）による保証 ・トップダウン	・購入者の要求（ニーズ）を先取り ・購入者の満足する製品を開発・提供 ・ボトムアップ
手　段	・ISO 9000s ・TQM	・TQM，TQC ・PDCAサイクル，小集団活動

（通産省工業技術院出典を一部修正）

の品質を保証する任務は生産現場が担うことになり，日本の品質管理の考え方は，"ボトムアップ"的で，欧米の"トップダウン"的なアプローチとは異なるという思想が生まれた。

　このPDCAサイクルの活用と品質管理のための小集団活動との連携により，日本で生産した製品の品質は，"安かろう，悪かろう"と揶揄された戦前とは一変し，1970年代には世界一流と誇れるレベルにまで向上した。その後の日本の国際競争力強化と躍進に貢献をしている。

　溶接技術者用の教科書でも，**表1.1**[1-5, 1-6]に示すように，日本的アプローチと欧米的アプローチには大きな違いがあり，これらの違いが日本の技術力を高めた源泉ととらえられてきた。

　しかし，1950年代後半から1970年代に至る日本産業界の急速な発展の動きを，30年にわたるバブル崩壊を経た現時点から改めて眺めると，デミング博士が最初に意図したトップダウンとボトムアップがうまく連携して日本製品の大幅な品質改善が図られたことに加え，日本企業が，顧客ニーズを先取りし，顧客に寄り添った製品開発をしていた時代が日本の絶頂期であった感じを受ける。品質管理や製品開発がボトムアップだけになり，品質管理にトップが関心を示さなくなった企業の品質改善力や新製品開発力は，その後，停滞してきたように見える。（詳細は，本書の**附録1**を参照されたい。）

　1970年代にほぼ完成したこの日本での品質改善技術は，米国のテレビ放送

---

[*]　"マニュアル不要"を"マニュアルに頼らない伝承主義"という人もいる。

を通じて 1980 年に紹介されて以来，一躍有名になった。その後の米国での生産技術の改善や生産システムの飛躍的な改善に大きく影響した。また，この放送をきっかけとして，それまで米国では無名であったデミング博士が日本の品質改善の基礎を築いた人として初めて米国で注目された。

当時の日本の品質管理技術の牽引者である田口玄一博士や石川馨博士も米国に招聘され，米国の品質改善のための講演を行っている。ただし，文化の違いのためか，根底となる思想や行動原理はうまく伝授できなかったようである。

さらに，自動化した大量生産工場での品質保証技術確立の成功例として，トヨタ自動車のトヨタ生産システム（TPS）が注目された。米国のマサチューセッツ工科大学（MIT）からは，リーン生産システム（LPS）という名前で改良版が発表された[1-7]。この TPS およびこれを基にした LPS という品質管理技術は，製品の生産前に "品質をつくり込む" という概念を含んでおり，最近提案されている品質管理技術の基礎となっている。

1.1.2　PDCA サイクルの考えを取り入れた ISO 9000 シリーズ

この日本で花が開いた PDCA サイクルの考え方を品質マネージメントの基本的な枠組みとして取り入れ，英国で既に開発されていた品質管理に関する BSI 規格を基に発行されたのが ISO 9000 シリーズの品質マネージメントシステムに関する規格群である。1987 年から発行が開始されたこのシリーズは，ISO 9001，ISO 9002，ISO 9003 および ISO 9004 の 4 規格に，ISO 9000 という品質管理の基本と品質用語に関する規格を加えた形で構成されている。

この規格の内容構成は，**図1.1**[1-8] に示すように，"リーダーシップ" というトップダウンに関係する項目を除いては，日本の産業界がそれまでに馴染んできた PDCA サイクルによって説明できる形をとっている。

日本では，2000 年前後にこの ISO 9001 認証取得ブームが発生した[1-9]。国際競争力強化に役立つとして取得した企業が多いと思われる。しかし，いずれの 9000 シリーズ規格でも書かれている内容は，各産業界や各企業で品質マネージメント活動を実行する場合に必要となる文書モデルや文書作成の指針だけである。具体的な内容は，各業界や各企業に任される。この規格に準拠しただけではあまり効果が出なかったためか，近年は，一度取得した ISO 9001 の認証を返上する動きも出てきている[1-10]。

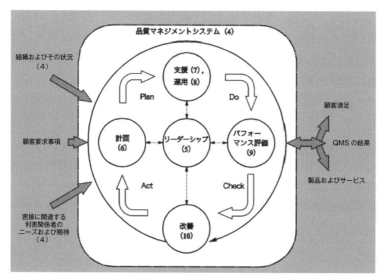

注記　（ ）内の数字はJIS Q 9001の箇条番号を示す。

図1.1　PDCAサイクルを用いたISO 9001（JIS Q 9001）の構成の説明

1.2　溶接作業のための品質管理指針
―ISO 9000シリーズ概念を具体化するための指針と課題―

1.2.1　溶接作業のための2種類の品質管理指針

　前項で説明したように，ISO 9000シリーズは品質管理のためのマネージメントの指針を示しただけで，具体的な事項は記述していない。この部分は，各業界団体または各企業が作ることになっている。

　溶接関係の品質管理に対する具体的な事項は，ISO/TC44"溶接と関連するプロセス"という名前の委員会名で国際規格として開発・管理されている。日本では，日本溶接協会がこの規格群の受け皿を努めている。

　ISO/TC44委員会では，**表1.2**に示すように，基本思想が異なる2種類の品質管理指針（溶接品質の要求事項）規格群を発行している。

　1つ目は，アーク溶接などを用いた融接作業を対象とし，溶接技能者の技量が製品の溶接部品質を直接左右するという考えに基づいて溶接作業者の認証を

表1.2 基本思想の異なる2種類の溶接品質管理指針規格群

規格の名称	溶接方法	
	アーク溶接	抵抗溶接
溶接の品質要求事項	ISO 3834-1〜-6 （JIS Z 3400）	ISO 14554-1〜-2 （対応 JIS なし）
溶接施工要領及びその承認（一般原則）	ISO 15607 （JIS Z 3420）	
金属材料の施工要領及びその承認（施工要領書）	ISO 15609-1 （JIS Z 3421-1）	ISO 15609-5 （対応 JIS なし）
金属材料の施工要領及びその承認（製造前溶接試験）	15613 （対応 JIS なし）	
金属材料の施工要領及びその承認（溶接施工法試験）	ISO 15614-1〜-5 （JIS Z 3422-1〜）	ISO 15614-12,-13 （対応 JIS なし）
溶接技能者の認証	ISO 9606-1〜-5 （WES 8281-1〜-3）	対応規格なし
溶接管理と溶接管理技術者	ISO 14731 （JIS Z 3410 および WES 8103）	
自動化溶接での溶接オペレータと溶接セッタの認証	ISO 14732[*] （対応 JIS なし）	

[*] 溶接機の設置や条件設定に関与しない溶接要員（例えば，溶接機のスタートボタンを押すだけの溶接オペレータ）は，この規格の対象外。この規格に基づく認証は必要としない。
注）（ ）内は対応国内規格の番号。

必要とする ISO 3934 シリーズという国際規格群である。1994 年に初版が発行された。日本では，ISO 3934 シリーズ規格を1つの規格にまとめた JIS Z 3400 という翻訳規格を発行している。日本溶接協会が実施している溶接管理技術者の資格認証制度はこの規格群の内の JIS Z 3400 に基づいて設置されている[1-11]。

　また，溶接部の品質確保の要となるアーク溶接作業者は溶接技能者と呼ばれ，ISO 9606 シリーズおよびその対応 WES ならびに日本独自で認証基準とその手続きを決めた JIS ならびに WES に基づいて，溶接の対象となる材料，板厚，溶接方法，溶接姿勢など細分された項目別の資格取得が必要となっている[1-11]。

　自動溶接機の国際規格である ISO 14732 では，溶接技能者のことを"溶接オペレータ"と呼んで ISO 9606 と同レベルの能力を認証条件としている。

　溶接作業者の技量に重点を置いた品質管理手法が ISO 3834 シリーズを用いる融接部に採用されている理由は，建築や橋梁，造船，圧力容器などの溶接で

コラム2　JIS および WES に基づく溶接技能者の認証規格

　JIS および WES に基づいて（一社）日本溶接協会が行っている溶接技能者の資格の種類とその準拠規格を**表A.1**[1-11)]に示す。

表A.1　JISおよびWESに基づいて行われている溶接作業者の資格

資格の種類	適用している規格	資格の適用事例
手溶接技能者*	JIS Z 3801 手溶接技術検定における試験方法及び判定基準 WES 8201 手溶接技能者の資格認証基	一般構造物の手溶接及び溶接技能者の基本的な資格として適用
半自動溶接技能者*	JIS Z 3841 半自動溶接技術検定における試験方法及び判定基準 WES 8241 半自動溶接技能者の資格認証基準	一般構造物の半自動溶接に適用
ステンレス鋼溶接技能者*	JIS Z 3821 ステンレス鋼溶接技術検定における試験方法及び判定基準 WES 8221 ステンレス鋼溶接技能者の資格認証基準	ステンレス鋼の溶接に適用
チタン溶接技能者*	JIS Z 3805 チタン溶接技術検定における試験方法及び判定基準 WES 8205 チタン溶接技能者の資格認証基準	チタンの溶接に適用
プラスチック溶接技能者*	JIS Z 3831 プラスチック溶接技術検定における試験方法及び判定基準 WES 8231 プラスチック溶接技能者の資格認証基準	プラスチックの溶接に適用
銀ろう付技能者*	JIS Z 3891 銀ろう付技術検定における試験方法及び判定基準 WES 8291 銀ろう付技能者の資格認証基準	ろう付作業に適用
すみ肉溶接技能者	WES 8101 すみ肉溶接技能者の資格認証基準	すみ肉溶接に適用
石油工業溶接士	JPI-7S-31/WES 8102 溶接士技量検定基準（石油工業関係）	石油工業関係装置，機器などの溶接に適用
基礎杭溶接技能者	WES 8106 基礎杭溶接技能者の資格認証基準	基礎杭の溶接に適用

注1：溶接技能者資格のJAB認定範囲は，＊印の資格です。
注2：上表資格のうち，手溶接技能者，半自動溶接技能者，ステンレス鋼溶接技能者，すみ肉溶接技能者資格に認証された者が，実際作業において溶接できる作業の範囲（板厚範囲など）について，当協会としては，WES 7101「溶接作業者の資格と標準作業範囲」に，標準として規定しています。

は，構造物が大きく，しかも使用材料の板厚が厚いことからアーク溶接を主に用いて長年施工されてきており，溶接部（溶接継手）の品質は溶接作業者の技量に依存してきたという歴史的事実があるためである。

2つ目は，スポット溶接などの抵抗溶接作業を対象とした ISO 14554 シリーズという国際規格である。2000 年に初版が発行されたが，日本ではまだ JIS 化されていない。この規格では，溶接作業者は"オペレータ"と呼ばれ，使用溶接機器に関する入門教育と安全教育，および使用機器の取り扱いに関するトレーニングを受けるだけで良いとされている。製品の溶接品質は，溶接機と関連機器の管理および溶接条件を正しく設定することで実現するという考えになっている。溶接機の管理作業は，自動抵抗溶接機のオペレータではなく，溶接セッタの役割とされる。自動抵抗溶接機のオペレータに対しては，アーク溶接の場合のような認証された形の技能の習得は要求されていない。

接合方法としてアーク溶接を主として用いる橋梁・鉄骨・ボイラ産業などの場合と，スポット溶接を主として用いる自動車産業の場合との違いを対比してまとめた結果を**附録2** に示す。

1.2.2　品質管理指針規格と溶接施工要領書の作成手順

ISO/TC44 という国際規格審議団体が作成している溶接品質を確保するための規格群は，2 組の規格群に分かれていることを上で述べた。これは管理している委員会と構成員およびその背景（生産体制）が違うためである。

ISO 3834 とその関連規格群は TC44/SC10 という委員会で，ISO 14554 とその関連規格群は TC44/SC6 という委員会がそれぞれ管理している。SC10 は，アーク溶接を主に用いる橋梁・鉄骨・造船などの関係者が構成メンバとなっている。これに対して，SC6 は抵抗溶接機を用いる関係者が構成メンバになっており，それぞれの産業界に適した規格内容になっている。

製造現場で ISO 3834 や ISO 14554 の規格群に記載されている要求品質を実現するために不可欠な文章が溶接施工要領書（WPS という。Welding procedure specification の略号）である。この溶接施工要領書の作成手順とその適格性確認方法の一般原則を規定しているのが ISO 15607（JIS Z 3420）である。

この一般原則規格には，まず，適格性確認前の溶接施工要領書（pWPS という。Preliminary welding procedure specification の略号）を作成し，その後，溶接施工法試験を行う方法，製造前溶接試験を行う方法，試験された溶接

表1.3　溶接施工法の適格性確認方法の例

確認方法	適用内容
溶接施工法試験 (ISO 15614-X)	いかなる場合にも適用できる。ただし、製品溶接部の継手形状，拘束度，作業環境と施工法試験の条件が一致できない場合は除く。
製造前溶接試験 (ISO 15613)	基本的にはいかなる場合にも適用できるが，製品と同じ条件で試験材を作製する必要がある。大量生産品の施工法に適する。この場合の要求事項は，ISO 15613に規定されている。
注記　（　）内に対応するISO番号を記載している。対応するJISを参照したい場合は，表1.2参照。	

材料を用いる方法，過去の溶接実績を活用する方法，標準溶接施工要領書を参照する方法の何れかの方法を用いてpWPSの適格性を確認し，製造業者による溶接施工試験記録（WPQRという。Welding procedure qualification recordの略号）を作成して溶接施工要領書（WPS）を完成させるという手順が規定されている。この規格では，WPS完成後に，製造業者による製品製造のための作業指示書を作成しても良いことになっている。

　この作成された溶接施工要領書には，すべての品質要求事項やこれに関連するすべての設備の仕様などの適格性が，溶接施工法試験や製造前溶接試験などによって確認され，決められた手順で承認されたことを明示しておく必要がある。

　上に示した5つの施工要領書作成方法のうち，最初の2つの方法は抵抗溶接にも活用できる。しかし，後の3つの方法はアーク溶接などに適した方法である。この前2者の適用内容をJIS Z 3420から抜粋して**表1.3**に示す。

　通常は，溶接法ごとに規格化されているISO 15614シリーズの対応規格を参照して溶接施工法試験を行い，適格性確認前の溶接施工要領書（pWPS）の適格性を確認した後に溶接施工要領書（WPS）を完成させる。

　一方，自動車のような大量生産品の溶接施工要領書（WPS）を作成する場合は，ISO 15613に基づいて製造前溶接試験を行う。

　溶接施工要領書は，適格性を確認した範囲を超えて適用することができないことに留意されたい。適格性確認範囲を超える条件の変更がある場合には，再度，新たな試験→確認→承認という一連の作業を行うことが必要になる。

1.2.3　製造前溶接試験規格に準拠した溶接施工要領書作成指針とその問題点

　ISO 15613には，アーク溶接のような溶融溶接に対してだけでなく，スポッ

表1.4　重ね溶接部の製造前溶接試験にも利用できる試験の例

試験対象	適用する試験の種類	試験片の最小数 [f]
スポットおよびプロジェクション溶接部	目視試験	全て
	引張せん断試験	3
	十字引張試験	3
	断面試験	2
	硬さ試験	要求された場合のみ
	ねじり試験 [a]	3
	ピール試験	3
	たがね試験 [b]	3
シーム溶接部	目視試験	全て
	ピール試験	3
	引張せん断試験	3
	漏れ試験 [c]	3
	断面試験	2
	硬さ試験	要求された場合のみ
	曲げ試験 [d]	2
	カップ試験 [d,e]	3

注記 a　ねじり荷重が支配的な場合の代替試験方法。
注記 b　高強度鋼板や超高強度鋼板の溶接部には適用できない。
注記 c　ビロー試験とも呼ばれる。
注記 d　マッシュシーム溶接部など突合せ溶接部に適用されることがある。
注記 e　エリクセン試験など参照。
注記 f　ISO 15614-12 で規定している試験変数の最小値（参考）。
注)　試験結果の統計分析を行う場合は，試験数を 11 とし，平均値と標準偏差を求める。

ト溶接を含む抵抗溶接にこの手順を適用する場合の事項も規定している。

　抵抗溶接に対する一般要求としては，もし既存の WPS が適用可能ならそれが採用できるとされている。そして，この ISO 15613 では，スポット溶接に関係する重ね溶接部に対する製造前溶接試験には，溶接施工法試験のために作成した ISO 15614-12 を流用してもよいと説明されている。

　この ISO 15614-12 に記載されている試験に対する要求内容の例を整理し直して，表1.4 に示しておく，この表には，最低限行うべき試験の数も参考値として記載されている。

　ただし，ISO 15613 ではこの表 1.4 に示したすべての試験を実施することが困難な場合を想定して，次に示す簡略化した試験を代替手段として用いてもよいと規定している。

　a ）　目視検査[*]
　b ）　溶接径の計測と試験後の破断形態の観察
　c ）　ナゲット径を確かめるための断面試験および圧痕深さの測定[**]
　　　　シーム溶接部に対しては最小ナゲット幅を測定
　d ）　ISO 10447 にしたって行うたがね試験[***]

　しかし，2004 年に発行されたこの規格の第 1 版の制定には抵抗溶接の専門家，特に実務担当者はまったく参加していない。

　抵抗溶接に関しては部外者であるアーク溶接技術者や溶接コンサルタントが中心的となって作成された。アーク溶接技術者の目線では一見正しそうに見えるが，無人運転を目指して長年苦労してスポット溶接部の品質管理に関わってきた立場からみると，問題が残っている感じがぬぐえない。自動車会社の生産担当技術者や設計技術者の立場でいうと，使い物にならない形で規定された規格にも見える。

　このように見える最大の原因は，製造工程を完全無人で動作させても品質上の問題が起こらないようにするためにはどうすれば良いかという視点がこの製造前溶接試験から抜けているためである。アーク溶接などで一般的に採用されている溶接施工法試験の一部を前倒しして製品の製造前に採用し，品質はやはり溶接オペレータが製造ラインで管理できるという前提が規格作成者の頭に残っていたためと思われる。しかし，自動車産業のような大規模な大量生産工場では，溶接作業は原則として無人化しており，溶接オペレータが簡単に問題に対処できる状況にはない。

---

[*]　ナゲットの形成結果を目視検査で行うとしても，アーク溶接部のように肉眼で直接見るわけにはいかない。品質検査方法としてはあまり期待できない。

[**]　この規格では，要求したナゲット径さえあれば OK という判断で作られている。現実には，長時間通電する溶接条件を採用すると，通電中にナゲット部周辺で凝固が始まり，これが粗粒域となってピール強さや衝撃強さの低下を招くことがある[1-12]。ナゲット径だけでは品質保証にはならない。

[***]　たがね試験で品質の簡易検査ができたのは，数十年以前に使用されていた軟鋼板を被溶接材に用いた場合だけである。最近車体の軽量化のために多用されている高強度鋼板や超高強度鋼板の溶接部にこのたがね試験を適用すると，健全な溶接部でも界面破断してしまう[1-13]。最近の材料には適用できない。

　大量生産工場での製品品質に対するロバスト性（品質ばらつきに対する頑強性）を確保するためには，中間品である部品や製品を組み立てるために必要十分なレベルの設備工程能力を実現し，製品に組込む各種部品を効率的でしかも適正な物流管理ができる生産システムの確立が不可欠となる。

　NASA（アメリカ航空宇宙局）のロケット開発で有名なように，最終製品の品質保証を実現するためには，開発時から各部品の品質ばらつきを抑えることができる設計（構造設計，機能設計だけでなく，生産設計も含む）を行い，適正な生産計画を立て，各工程での出荷物（部品など）は品質保証されたものだけを集めて最終製品を造るという戦略が肝要となる。

　言い換えると，大量生産工場では，購入部品も含めて各工程の出荷物（部品など）の品質が保証されたものだけを次工程に流し（トヨタ自動車の言葉でいうと，自工程完結），出荷される全製品が100% 品質保証された形で流せることを目指したライン設計やシステム設計，製造工程の開発（これも一種の設計。生産設計という）が必要となる。そして，設計に必要となる試験方法やそのデータ解析手法を総動員し，関連作業も含めた形で事前に管理システムを完成させ，製造工程に入る前に既に製品の品質が保証できるシステムが確立できた状態にして初めて量産体制に入ることが重要となる。

　問題解決の1つの方策が“製造前に品質をつくり込む”という考えになる。今では，多くの自動車会社が採用している。

　また，開発期間を短くして開発費用を抑えるだけでなく，企画・設計の要求仕様をできるだけ満たす製造計画を短時間で実現させるために，開発段階から企画・設計担当者と生産技術者との間でより密な連携が行われている。

　近年欧米で流行し始めている“デザインフォーシックスシグマ”（Design for six sigma）[1-14] は，PDCA サイクルのようなサイクル図を用いて顧客の要求品質のつくり込みを設計や開発段階から支援するための手法として開発されものであるが，この手法は製造前溶接試験の結果を基に設計を変更・改善する際の手順の1つとしては役立つかもしれない。

1.3　大量生産工場で必要な品質管理手法
―自動車生産の例で―

1.3.1　"製造前に品質をつくり込む"という考えが必要となる理由

　溶接作業者の技量で品質が左右されるアーク溶接などを主に用いた一品生産方式に比べると，自動車生産のような大量生産産業の特徴は，1日当りの生産量が圧倒的に多いことにある。大量生産工場では，製造（量産）工程でのわずかな失敗（"ポカミス"などが代表例）が場合によっては莫大な損失を生み，製造会社にとっての致命傷となる。

　例えば，スポット溶接を主な溶接技術として用いる自動車の生産ラインでは，1分ごとに1台の完成車生産が可能になっている。1日2交代制とした場合，1日当たり約1,000台の生産ができ，週5日稼働とすると，1週間で5,000台，1ヵ月で20,000台もの完成車の生産台数となる。0.5%でも不良品が発生すると，毎日5台の手直しが必要となる。しかし，通常の工場での人員配置ではこの値が限界とされており，これを超えると対応ができなくなる[1-15]。

　自動車会社などの大量生産工場では，製品ごとの生産総量が多いだけでなく，単位時間当たりの出荷量も多い。一旦，品質の不具合が発生し，対応が遅れると不良品の山ができることになる。

　これが，トヨタ自動車などの自動車会社で採用されている"生産前に品質をつくり込む"という品質管理思想の原点になっている。

　自動車会社などの大量生産に適用できる溶接施工要領書を作るためには，製造前溶接試験規格が，この"製造前に品質をつくり込む"という観点で作られていないと使いものにならない。

1.3.2　大量生産工場での生産管理システムの特徴

　橋梁などのインフラ設備の生産では，**図1.2**（a）に示すように，通常，基本設計は発注者が行い，この基本設計に従って，生産設計→工場内での生産→現地据付け→受入検査／引渡という流れで作業が行われ，発注者に製品が引き渡される。製造には主としてアーク溶接法が採用され，工場内での部品製造時および現地据付け時の溶接品質は溶接技能者の技量によって決まる。"品質は溶接作業者の技量に影響される"という前提で生産活動および品質管理計画を

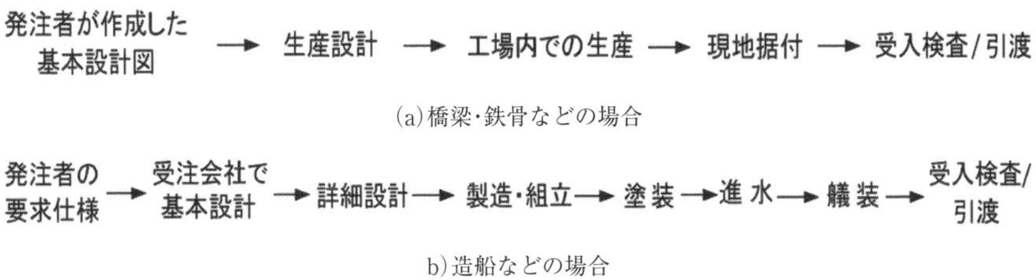

発注者が作成した
基本設計図　　→　生産設計　→　工場内での生産　→　現地据付　→　受入検査/引渡

(a)橋梁・鉄骨などの場合

発注者の　　受注会社で
要求仕様　→　基本設計　→　詳細設計　→　製造・組立　→　塗装　→　進水　→　艤装　→　受入検査/
引渡

b)造船などの場合

図1.2　アーク溶接を主に用いる産業での設計→生産体制の例

たてる。溶接部の品質確認は，国や公共機関などで公に決められた基準に従っ
て実施され，一般には，目視検査や非破壊検査が主に採用される。

　この場合の溶接の品質要求事項を記載したのが，表1.2に示したISO 3834
(JIS Z 3400)および関連規格である。溶接品質は溶接技能者の技量に大きく
依存するため，溶接作業を行う溶接要員には第三者機関（例えば，日本溶接協
会）で認証された資格が必要となる。

　造船業では，図1.2（b）に示すように，顧客の仕様に従って，受注会社が
自ら基本設計を行い，詳細設計→製造・組立→塗装→進水→艤装→受入検査／
引渡しを行う。製造・組立は工場内で行い，接合方法としては，主にアーク溶
接が採用されている。ブロック建造の際の板継ぎなどに使用されるサブマージ
溶接作業は製造作業の前に施工法や施工条件を決め，自動で行われるので，一
部は製造前に品質のつくり込みを行っている部分もあるが，この自動サブマー
ジ溶接でも溶接技能者が作業を監視し，一定の溶接品質を確保するために溶接
作業中にも必要に応じて溶接条件の微調整を行っている。また，多くの接合部
分は手動アーク溶接を用いた手作業で溶接作業が行われており，通常，溶接品
質の確保は作業者の技能に頼っている。この意味では，橋梁・鉄骨産業と同様
に，"品質は溶接作業者の技量に影響される"という前提で生産活動が行われ
ているといってもよい。アーク溶接技能者は，もちろん第三者の認証を受ける
ことが必須条件となっている。品質管理は国際的に活動する船級協会の指針に
従って実施され，品質の確認は目視検査だけでなく必要に応じて非破壊検査を
用いて行われる。

　これに対し，スポット溶接が主な接合方法として用いられる自動車産業で
は，図1.3に示すように，実際の製品を製造（量産）する前にその製造ライ

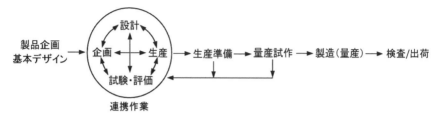

図1.3　自動車産業での設計→生産体制の例

ンを用いて量産試作を行い，この量産試作で設備の稼働状態や設備の動作条件
の最適化を完了させ，環境条件や機器の動作状態の変動があっても溶接品質の
ばらつきは決められた範囲内に抑えることができるという設備工程能力が高
い，いわゆるロバスト性に富んだ状態に到達した後に初めて製品の生産に移る
という手順が採用されている。生産現場でのこのロバスト性に富んだ条件設定
や機器の管理は溶接セッタの役割である。自動生産ラインに対応する溶接セッ
タには，溶接機だけでなく，溶接機の位置を移動させるロボットや部品の自動
搬送装置などの使用方法を含めた広範囲な知識と高度な経験が要求される。

　溶接セッタが決めた作業シーケンスや溶接条件を守って機器が動作している
限り，製造工程での品質には問題は生じないという前提で生産活動が行われて
いる。もちろん，製品の品質保証のためには，ロボットや溶接機のオペレータ
による動作監視活動は欠かせない。また，製品の品質確認のために製造部門で
の製品の抜き取り検査が行われている。この検査は，システムの完璧さを確認
するために行われるものである。不良品が出れば，溶接セッタまたは専門の保
守部門の技術者が対応し，設備の調整を行って問題を解消する。スポット溶接
のオペレータは，基本的にはこの問題解決には関与しない。

　この自動車生産時の検査は，橋梁などで行われている製品ごとに決められた
場所を全数検査して不良部分を同定し，この不良部を手直しして製品にするた
めに行うものではない。（橋梁などのインフラ産業と自動車産業での生産形態や
品質管理方針などの違いは，一覧表として**附録2**に示す。）

　スポット溶接機のオペレータは，上で述べた機器の動作が安定に行われてい
るかを監視すること以外に，作業のスタートボタンを押すことや始業および終
業点検を行うことも要求される。それで，このように溶接機の設置や機器の管
理をしない自動スポット溶接機のオペレータは，アーク溶接技能者のような特

別に認証された資格は要求されていない[1-16]。ただし，機器の使用講習と安全教育だけは受けることが望ましい[*]。

1.3.3　"製造前に品質をつくり込む"ために自動車産業で行われていること

　自動車生産の場合，製造前に品質をつくり込むために，図1.3に示したように，設計工程で下流工程の情報をできるだけ組み込むことができる連携体制を単に築くだけでなく，製造ラインの最適化や製品構造自身の最適化，部品購入も含めた生産手順の最適化や各組込部品や製品自身の寸法・性能などのばらつきの管理などの課題も基本的にはこの段階で解決する。そして，量産試作段階で残っている問題点を洗い出し，対処および解決する。

　基本設計作業と並行して，試験片を用いた各種試験結果を入力情報とする各種デジタル技術を用いて構造や組立手順だけでなく，各種使用機器の動作の最適化を考慮して設計図を出図する。さらに，実物を用いた衝突試験や耐久性を調べる疲労試験などを実施し，設計の妥当性を事前に確認する。この際には，図1.3の連携作業図に示したように，企画担当者，設計技術者，生産技術者だけでなく，試験・評価部門の技術者が密接に連携しながら作業が進める必要がある。そして，製造ラインの生産情報も考慮した形で作成した詳細設計までを含めた設計図を出図する。この詳細設計図とその関連情報を基に，購入品の発注や手配，製造ラインの設計・設置を完了し，その後，量産試作に入る。

　量産試作段階で採用する各種溶接パラメータは，安定な溶接作業を実現するに必要な広さを持ち，しかも溶接結果のばらつきを規定値以下に抑えることができる溶接条件域をあらかじめ決めて作成した溶接施工要領書に従って設定する。微調整は溶接セッタに任される。

　この量産試作段階では，生産機器と設定条件（溶接の場合は溶接条件）の最適化と各種部品間の摺合せ（微調整）が行われ，基本的な品質のつくり込みを量産試作で完了させる，すなわち，製造工程の前の量産試作段階で各設備の工程能力を確認し，品質的にも目処がついたという状態にする。もちろん，量産試作で問題が出れば，設計にフィードバックして修正が行われる。このような生産管理方式を，"製造前に品質をつくり込む"という。

---

[*]　具体的な事項については，拙著「はじめてのスポット溶接」（産報出版刊）[1-13]の第4章4.1項を参照。

　製品の品質に関しては，法律で規制された事項以外は各自動車会社が個々に責任を持って対応する。品質の確認も各自動車会社の社内規格や社内規則に従って実施される。

　"製造前に品質をつくり込む"という形で作られた生産ラインは，一般論としては，予定した形で各機器が正常に動作している限り，品質は工程で自動的に確保できる形になるように生産設備の設計や設置を行うだけでなく，使用材料の選定や各部品の投入時期の同期手順なども綿密に事前調整されている。

　ただし，製品の製造ラインでの品質確認をまったく行っていないという訳ではない。車体の組立精度をインラインで検査する装置を製造ライン中に組み込んでいる自動車会社が多い。また，スポット溶接部についていうと，製造工程での生産ラインにインラインの溶接部品質検査装置またはオフラインの抜取検査手法を用いた溶接部品質に対する検査工程が組み込まれている。

　自動車会社で溶接機器などが正常に動作しなくなって不良品が出始めると，直ちに製造ラインを緊急停止できるシステムも一般に導入されている。例えば，トヨタ自動車では，製造ラインが緊急停止されると"アンドン"が点灯し，直ちにすべての作業関係者に状況が伝わるような仕組みになっている。人と機械が共同して自動生産での製品の品質不良をゼロにするこの仕組みを，トヨタ自動車では，自動化ではなく"自働化"と呼んでいる[1-17]。

　この"製造前に品質をつくり込む"という生産管理方式は何も自動車産業に限った話ではない。アーク溶接を主な接合技術に用いる産業界でも，自動溶接機を生産ラインに投入する場合には，自動車生産と類似な生産管理形態が志向されることがある[1-18]。

1.3.4　効率的に"製造前に品質をつくり込む"ためのシステム構成例

　製造前に品質を効率的につくり込むための鍵は，前項の図 1.3 で示した連携作業を如何にうまく機能させるかによる。自動車会社でも，以前は，生産技術と摺り合わせずに企画・設計部門が設計図を出図し，この図を見た生産技術からのクレームで設計を見直すというような効率の悪い（新車の開発に時間が掛かる）方式がとられていた。しかし，近年は，開発・設計段階から生産技術が分かった技術者が参画し，効率的に適正な設計ができる方式になっている。トヨタでは，この効率的な連携作業を実現するために，"大部屋"というシステムを採用している。1990 年代に導入された，"大部屋システム"の例を**図1.4**

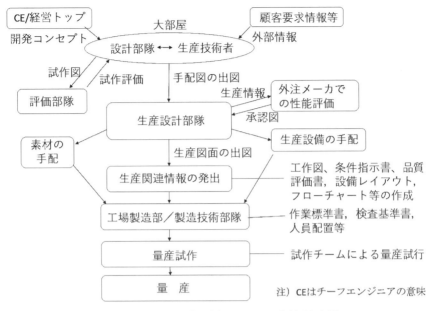

図1.4 開発設計段階に大部屋システムを採用した例

に示す。この連携は、組織の壁を越えた活動ができるため[1-19]、製品の企画から生産準備完了までの新製品開発期間の大幅短縮が実現するだけでなく、新製品の企画内容を製品に反映しやすくするのにも役立っている。

大部屋システムでは、図1.4中に示すように、設計担当者と生産技術者が大部屋と呼ばれる同じ部屋で顔を合わせながら新製品を開発できるため、製造前に品質をつくり込むことができるだけでなく、効率的な開発作業ができて開発期間の大幅短縮が図れる。また、1.2.3項でも述べたように、設計担当者が意図した難しい加工も可能となる。そして、この大部屋を中心とした活動を通じて、チーフエンジニア（新車開発のトップ責任者）から与えられた新製品に対する開発コンセプトを基本としながら、試作モデルを用いた実構造物の実物試験だけでなく、各種生産支援プログラムなどのデジタル技術を活用して行った評価部隊からのフィードバックを設計へ反映させて、実生産に適用する手配図を出図する。

その後、この手配図を基に、生産設計部隊が外注メーカとの生産計画情報の交換、素材と生産設備の手配、および生産図面の出図を行う。そして、より具

体的な生産関連情報（工作図や条件指示書など）が発出される。

　この情報を受けて工場の製造技術部隊が，実作業に必要となる溶接施工要領書を含む作業標準書，製造ラインでの品質管理を決めた検査基準書，作業者の配置を決める人員配置書などを作成し，生産ラインを組み上げる。

　この完成された生産ラインを用いて，試作チームが数ヵ月以上かけて実車の量産試作を行い，製品品質だけでなく生産能率などを含めた問題点をすべて洗い出し，出てきた問題点をすべて解消して初めて量産体制に入る。量産時には，検査基準書に従った検査が行われ，製品（新車）として出荷される。

　製品の生産を実際に行う量産時には，1.3.1項でも述べたように，現場の溶接オペレータが溶接部の品質管理に直接携わることはない。品質は，設計によって最適化して作られた生産システムの適切な運用によって実現している。ア

コラム3　抵抗溶接での溶接オペレータと溶接セッタの役割

　自動溶接作業ための溶接オペレータと溶接セッタの国際的な資格認証基準を決めている ISO 14732 の初版（2013 年版）では，自動抵抗溶接の溶接条件管理は抵抗溶接セッタが，自動アーク溶接機等の溶接条件設定は溶接オペレータが担当することになっていた。しかし，2019 年発行の改訂版では，"抵抗溶接セッタ"という名称から"抵抗"を省いて，単なる"溶接セッタ"と呼称が変更され，規格内での溶接要員の意味と役割が変わった。そして，2022 年から改訂作業が進められている再改訂版では，機器の設置や溶接条件の設定に関与しない溶接要員，すなわちスポット溶接オペレータはこの規格の規定外になることが決められた[1-15]。

　この再改訂版では，スポット溶接オペレータは，通常，溶接機の起動スイッチを押すと機器の動作が正常に行われているかを監視するが主な任務と想定されている。これは，溶接部の品質や溶接機器の管理，溶接条件の設定は，保全部門や溶接セッタが担当すると考えているためである。

　この意味で，溶接セッタは溶接作業そのものを熟知しているだけでなく，生産ラインで使用している機器の動作に関しても十分な知識を持った溶接要員，例えば，熟練した技能者（欧米流には，テクニシャン）や熟練した溶接技術者が担当する。抵抗溶接の品質管理指針である ISO 14554 では，"抵抗溶接セッタは，規定に従って抵抗溶接装置を設定する能力のあり，指定された溶接手順と品質保証業務を遂行するために必要な知識と技能を有している人"と規定している。スポット溶接作業では，溶接セッタが品質管理のキーマンとなる。

コラム4　溶接用語 ISO 25901-1 で定義している自動溶接と機械化溶接

　この2つの用語は，本来，ISO 14732: 1998 版で定義された用語である。しかし，日本の溶接用語 JIS（JIS Z 3001-1）はこの ISO 規格とは一致していない。
　ISO 規格の"自動溶接"（automatic welding）は，溶接がスタートした後の溶接作業は溶接作業者が介在することなく進行する溶接，と定義されている。ISO 規格の定義では，溶接中に溶接作業者が溶接条件を変更することはできない。抵抗溶接作業はこの ISO 規格の自動溶接に分類される。ただし，JIS Z 3001-1 では，ISO 規格のこの自動溶接を"全自動溶接"と呼んでいる。
　一方，ISO 規格の"機械化溶接"（mechanized welding）は，機械的や電気的な方法で溶接条件は制御されるが，溶接作業中にも溶接作業者が設定パラメータを変更できる，と定義されている。ISO 規格で"機械化溶接"と呼ばれている方式は JIS Z 3001-1 の"自動溶接"に対応する。

ーク溶接を用いる橋梁鉄骨業界のような，製造現場の責任で品質を作り上げるということはしていない。
　すなわち，大量生産工場では，各設備の工程能力は量産試作以前に確保し，要求品質を実現できる生産システムを完成させる。量産体制に入った後には，生産システムが適正に稼働しているかどうかの確認さえできれば，製品品質の全数保証が行える体制を作り上げている。ただし，重要保安部品に対しては，もちろん，全数検査が実施される。
　量産時の生産システムの維持管理の対応部署は，自動車会社によって異なる。生産技術部隊が対応する会社，研究所の陣容が対応する会社など一定していない。しかし，いずれの会社でも，近年新設された自動車会社を除けば，市販される製品の製造開始までの量産試作でに品質保証が確保できる体制を数十年以上の時間をかけて構築してきている。

1.4　スポット溶接のための品質管理方法
―生産システムの管理を通じた製品の品質保証の方法―

1.4.1　製造前に品質保証するための品質ばらつきの管理とその対処方法
　製造前に製品の品質をつくり込むためには，1.2.3 項でも述べたように，製

造ラインの各工程で作られる部品だけでなく外注した購入部品も含めて，その寸法精度を含む品質のばらつきを適切に管理し，規定を満たさない部品（製品）は後工程に流さないという品質管理手法が不可欠となる。

　しかし，これは，各工程ごとにそれぞれの製品（部品を含む）に対して全数検査を実施し，不良品をはねて品質保証するという意味ではない。日頃から，人（作業者だけでなく技術者も含めて），もの（購入品も含めたすべての部品と使用する素材），使用機器（製造装置だけでなく，運搬・移動装置や作業環境維持装置も含めて）を適切に管理し，維持・改善を継続的に続けることによって出荷する製品の品質を 100% 保証しようという思想である。言うに易く，行うのは難しい管理手法である。継続的な努力の結果として，初めて，製造工程での品質のつくり込みをしなくても不良品を出さない生産が続けられることになる。

　すなわち，この手法では，生産システムの適正な設計と管理によって不良品を生まない生産システムをまず構築し，この生産システムを適切に維持・管理・稼働させることによって不良品を生まない生産を続けることを目指す。そして，出荷した製品全数の溶接部の品質保証は，基本的には前にも述べたように，生産システムの適切な管理ができているかどうかの確認を目的とした製造工程中での製品の抜き取り検査を行うことによって実現している。

　個々の部品を含めた製品のばらつき管理の手法としては，1.2.3 項で説明した NASA（アメリカ航空宇宙局）の手法がよく知られている。しかし，この手法は全数検査を前提としており，大量生産には向かない。

　大量生産で使えそうな手法としては，日本の品質工学会を設立した田口玄一博士が 1950 年代後半に採用したパラメータ設計（現在では 2 段階設計と呼ばれている）手法[1-20]と，1980 年代後半にビル・スミスによって提案されたシックス・シグマ（Six Sigma, 6σ）を発展させて設計段階にも利用できるように改良された"デザインフォーシックスシグマ"（Design for six sigma)[1-14]とがある。

　前者の 2 段設計法は，PDCA サイクルのようなフィードバック的な手法による品質改善活動を製造ラインで幾ら行っても手遅れという発想から生まれた。製品の設計段階に適用することを初めから目的として開発されている。制御の言葉でいうと，いわゆるフィードフォワード的な品質管理手法といえる。

　一方，後者の設計開発のためのシグマ・シックスは，設計段階への適用は目的としているものの，PDCA サイクルと類似な思想の作業サイクル概念を用いる手法である。（具体的な作業サイクルの内容を知りたい場合は，**附録1** を参照されたい。）繰り返し作業によって最適解に到達する，いわゆるフィードバック的な品質管理手法といえる。

　どう呼ぶかは企業によって異なると思うが，現実的には，この2つの手法を組み合わせて，要求性能を満たすことができる製品の品質保証体制が組み立てられている。

1.4.2　溶接施工要領書（WPS）作成のための基本指針

　溶接関係の国際規格作成団体である ISO/TC44 で開発された溶接施工要領書の作り方は，前項で述べたフィードバック方式で品質を管理することに慣れてきたアーク溶接関係の専門家が中心となって作成した指針（ISO 15613）を基にして作成しているため，1.2.3項に示したように，溶接結果を確認することに重点を置いた書き方になっている。この関係で，スポット溶接部の製造試験に用いる ISO 15614-12（製造前溶接試験にも流用）もこの ISO 15613 との整合性を考慮して，溶接部の試験方法に重点を置いた書き方になっている。また，抵抗溶接部の溶接施工要領書の記載項目を規定した ISO 15609-5 も，アーク溶接関係者が決めた記載指針（ISO 15609-1）に従って作成されているため，溶接機器や使用材料，溶接結果の表示が中心となっている。1.3.2項で指摘したばらつき管理に関連する思想を明示的に示した文章は含まれていない。

　大量生産工場の無人作業での品質管理のためには，前項で述べたように，生産システムの適切な管理が肝要となる。大量生産産業の代表である自動車会社での溶接施工要領書はこの生産管理の観点から作る必要がある。

　ISO 15613 や ISO 15609 シリーズ規格とのミスマッチ（不整合）を補うために抵抗溶接関係者が開発したのが，"スポット溶接の溶接作業標準"という表題の規格群である。作業標準を詳細に説明する規格を作ることによって，ISO 15613 とその関連規格で記載できなかった事項を補っている。ただし，大量生産工場での品質管理という観点から見ると，この不足部分を補足した溶接作業標準規格群が，本当は，大量生産工場に適用できる溶接施工要領書を作る上での不可欠な要素となる。**表1.5** に，この規格名称を一覧表として示す。

　国際規格としては，ISO 14373（鋼板スポット溶接用），ISO 18595（アルミ

表1.5　スポット溶接用に開発されている作業標準規格

規格番号	規格の名称
WES 7301	スポット溶接作業標準（炭素鋼及び低合金鋼）
WES 7302	スポット溶接作業標準（アルミニウム及びアルミニウム合金）
WES 7303	スポット溶接作業標準—ステンレス鋼
ISO 14373	Resistance welding — Procedure for spot welding of uncoated and coated low carbon steels（抵抗溶接—裸及びめっき付き低炭素鋼のスポット溶接手順）
ISO 18595	Resistance welding — Spot welding of aluminum and aluminum alloys — Weldability, welding and testing（抵抗溶接—アルミニウム及びアルミニウム合金のスポット溶接—溶接性，溶接及び試験）

ニウムおよびアルミニウム合金スポット溶接用）がある。国内規格としては，日本溶接協会が作成・発行した WES 7301（炭素鋼および低合金鋼），WES 7302（アルミニウムおよびアルミニウム合金），WES 7303（ステンレス鋼）がある。

　また，溶接結果のばらつきを管理するために採用されるウェルドローブ試験および連続打点試験（電極寿命の評価試験）規格を**表1.6**に示す。

　WES 1107では，電極寿命試験方法だけだが詳しく説明されている。一方，ISO18278-1 ではウェルドローブ試験（この ISO では "溶接可能電流域" と表現）と電極寿命試験の手順が記載されている。ただし，ISO 14327 を要約した関係で簡単な説明になっている。

　スポット溶接部の溶接結果（溶接品質）のばらつきを管理するためには，現時点では，ISO と WES の両規格を参照する必要がある。

　これらの規格中で採用されている溶接部品質の判断手段が，1.2.3項に示し

表1.6　電極寿命試験とウェルドローブ試験の規格

規格番号	規格の名称
WES 1107	鋼板用スポット溶接電極の寿命評価試験方法
ISO 18278-1	Resistance welding – Weldability – Part 1: General requirements for the evaluation of weldability for resistance spot, seam and projection welding of metallic materials（抵抗溶接—溶接性—パート1：金属材料のスポット，シーム及びプロジェクション溶接での溶接性評価のための一般要求）[1]
注1：溶接品質のばらつきを管理するためのウェルドローブ試験は，以前は ISO 14327 として規定されていた。しかし，その規格内容はこの ISO 18278-1 に整理・統合され，ISO 14327 は2022年に廃止された。	

た各種試験である。（各種試験方法の詳細に関しては第2章を参照。）

1.4.3　溶接部の品質支配パラメータ[1-21]

　スポット溶接では，溶接電流，電極加圧力および溶接時間が溶接の三大パラメータと以前はいわれていた。しかし，最も大きく影響するのは，溶接中の板―電極間や板―板間の通電路の大きさを決める通電径である。溶接開始から終了までの通電径の変化の仕方が溶接結果のばらつきに大きく影響する。

　図1.5に，数値計算で求められた溶接中の通電径（溶接電流が流れる広さを代表）の変化と溶接可能電流域の広さの関係を求めた計算結果の例を示す。図中の実線は，通電初期の通電径を狭く制限できる，電極の先端にいわゆる“へそ”（突起）が付いた電極を用いた場合，破線は，電極先端が消耗して通電の初期から通電径が大きくなっている，いわゆる“ベタ電極”（平らまたは中心部が窪んだ電極）になった場合の例を示している。

　この設定条件では $5\sqrt{t}$ ナゲット径を超えるといずれの場合も散りが発生していたので，この例では，図1.5（b）中の $3\sqrt{t} \sim 5\sqrt{t}$ （t は板厚）の範囲がウェルドローブ試験でいう溶接可能電流域に相当する。図は，電極先端に突起（へそ）があって，通電初期の通電径が最終状態の径の値よりも狭くなるように制限された状態から溶接を開始すると，溶接可能電流域（条件裕度）が広くなり，溶接電流の変化が多少あっても形成されたナゲット径（溶接部の品質）のばらつきが小さくなる，ロバスト性のある溶接作業ができることを意味している。

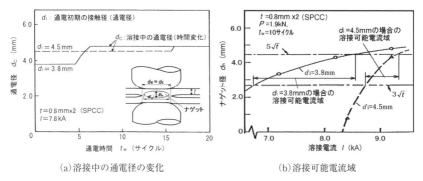

(a)溶接中の通電径の変化　　　　　(b)溶接可能電流域

図1.5　初期通電径と溶接可能電流域の広さとの関係

注：単純化のために板―板間通電径と板―電極間通電径は同じ値と仮定

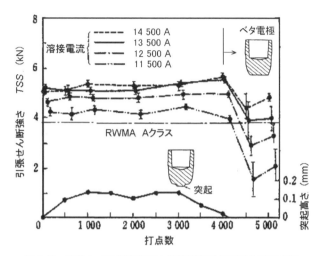

図1.6　突起(へそ)の存在による溶接結果の安定化結果の例

　この突起（へそ）の存在効果は，実際の溶接作業を想定する上で必要となる溶接を繰り返して行う連続打点溶接試験の結果でも確かめられる。**図1.6**に，裸鋼板のシリーズスポット溶接で確かめられた例[1-22]を示す。図は，実線の溶接電流で連続打点を繰り返しながら，500打点ごとに溶接電流値を上下に変動させて得られた試験片での溶接強度の測定結果をまとめて示したものである。

　図中には，電極先端の突起高さの変化も示されており，この突起（へそ）が消失した後に，溶接強度が低下し，強度のばらつきが大きくなることがわかる。

　この例では，4,000打点付近が電極寿命ということになるので，これよりも短い打点数で電極を交換するとか，ドレッシングするという指針が決まる。

　構造材の耐食性改善のために亜鉛めっき鋼板を利用した場合にも同じ方針が適用できる。めっき鋼板として合金化亜鉛めっき鋼板が日本で採用された理由は，亜鉛めっきによる耐食処理を板の表面に施しているにも拘わらず，電極先端の突起が維持でき，溶接品質のばらつきを抑えられるためである[1-23]。

　スポット溶接では，このように，電極の先端に突起の付いた状態を維持することによって，溶接部の品質ばらつきを抑えている。

　そして，構造物としての品質（性能）は，打点数や打点位置を調整することによって保証する。この意味でいうと，最初に品質のばらつきを小さくできる設定をまず行い，その後，構造物としての品質を保証するという，田口博士が

提唱した2段設計法とよく似た思想で品質保証しているともいえる。

　ただし，田口博士の方法は，決められた品質と機能のばらつきを，実験計画法や統計的な解析手段を利用して小さくできる状態を常に実現すること目指している[1-24]。この方法は，機器の安定動作に対して有用な手法といえる。

　これに対し，スポット溶接などの自動溶接を大量に用いる自動車産業では，ばらつきが小さくなり，しかもある程度の広さを持つ安定した溶接条件域を選定するか，または，機器の設計・管理を適切に行って，品質のばらつきが小さなる溶接を続けられるようにして製品の品質を保証するという考え方（手法）を採用する。最初の段階で品質のばらつきを小さく抑えようという考えは同じでも，手法が異なることに留意されたい。

1.4.4　溶接施工要領書の作り方（例）

　前述1.2.3項で紹介したISO 15613やISO 15614-12に記載されている溶接施工要領書作成のための試験方法は，溶接結果を基に品質の問題点を解消する場合には有効な手法である。しかし，自動車生産のような大量生産工場での品質保証を行うためには，直接的には役立たない。無人で動作する機器を用いて溶接部の品質を自動で保証するためには，溶接機器が決められた条件裕度で安定に稼働し，しかも溶接機はその条件裕度の幅が広くなる設定状態で動作させることが肝要となる。

　薄板を用いる大量生産工場の生産現場に適用できる溶接施工要領書を作成するためには，まず，構造に対する要求性能（強度や耐久性など）から被溶接材の板厚や材種（めっきの種類を含む）を選定する。次に，構造設計から要求されるナゲット径をもつ溶接部が生成でき，しかも条件裕度が広い溶接が安定に実現できる設定条件，ならびに溶接機の選定を行う[*]。

　条件裕度の広い溶接条件は，**図1.7**に示すようなウェルドローブを作成して求める。この例では，要求される最小ナゲット径として$3.5\sqrt{t}$（tは板厚）を採用している。通常，最大電流値は散り発生限界電流で決める。そして，このウェルドローブ試験の結果をまとめた図中に等ナゲット径ラインを追記し，無人でも安定に溶接作業が継続できる溶接条件を求める。

---

[*]　マグ溶接を用いた薄板重ね隅肉溶接部に対しても，制御のノイズ要因となる板の合いに対する溶接条件の設定範囲をまず決める。詳細はコラム5参照。

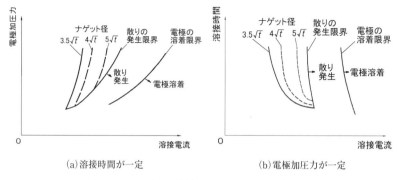

（a）溶接時間が一定　　　　　　　　　（b）電極加圧力が一定

図1.7　スポット溶接でのウェルドローブの例

　この際，スポット溶接継手に対しては，強度を要求する溶接部の推奨ナゲット径として$5\sqrt{t}$（tは板厚）の生成を通常は採用する。（JIS Z 3140 参照）

　次に，この溶接条件を実際の製品の製造に適用した場合に必要となる繰り返し溶接作業の安定性を確認するために，1.4.3 項の図 1.6 に示した電極寿命試験を行う。ただし，通常は，図に示した 500 打点ごとの電流変動試験を行わない。特に指定がない限り一定の電流値で試験するだけでよい。

　電極寿命試験の結果が，図 1.6 に示した軟鋼裸鋼板の例のように，数千点安定に溶接できる場合は，この実験で決まる，例えば 3,000 点ごとという頻度で電極チップの交換またはドレッシングを行うことを規定する。

　しかし，亜鉛めっき鋼板などを用いた溶接部では，使用材料によっては，数十点から〜数百点しか安定な溶接ができない場合も出てくる。裸鋼板とめっき鋼板を混合して溶接する場合やアルミニウム合金板を溶接する場合は，安定な溶接が数十点以下しか続かないことも多い。このような場合には，生産ラインに自動電極ドレッサを組み込み，溶接を数十点繰り返すごとに自動で電極先端をドレッシングすることを規定に盛り込むことになる。削り代は，想定される生産ラインでの電極の消耗具合から決めればよい。

　ただし，自動電極チップドレッサが広く普及し，必要な台数が投入済みの工場では，数十点ごとに 0.1 〜 0.2 mm 程度というわずかな研削を頻繁に繰り返して行う電極ドレッシングを生産システムとして初めから組み込む手法を規定として採用してもよい[1-25]。現実に，この手法を採用している自動車会社もある[1-26]。このような企業では，削り代の総量が電極のドレッシング代に達した

コラム5 薄板用マグ溶接での溶接条件域の決め方の例

　自動車車体では，**図A.1**に示すような足回りフレームなどで薄板用のマグ溶接が採用され，ロボットに搭載して利用されている。**図A.2**に示すワイヤ先端の溶接継手での狙い位置誤差（ばらつき）がいくらに収まるかで溶接結果（溶接品質）が決まるので，設備工程能力としてこれを検証する必要がある。

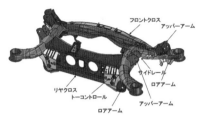

図A.1　リアフレームの例　　図A.2　狙い位置のずれ要因と板間のすき間

　ワイヤ先端の狙い位置誤差の発生要因としては，図A.2中に両方向矢印で示す，A：電極ワイヤの巻き癖に起因するワイヤ先端の振れ，B：ロボットの繰返し位置精度，C：プレス部品の切断面および位置精度，D：基準ピンとプレス部品とのガタがある。これら値の平方根値の合計を狙い位置誤差の指標として横軸にとり，図A.2中に示す板間のすき間を縦軸にとって整理すると，**図A.3**に示す良質な溶接が安定にできる条件域を決めることができる。それぞれの狙い位置と板間のすき間設定条件で溶接速度を変更して実験し，**図A.4**に示すよな溶接部の断面写真集を作る。この断面写真から脚長，のど厚，溶込み量を調べて良好な溶接ができると判断される条件域を求める。この作業を，すべての溶接継手の組合せに対して行うと，溶接施工要領書に記載すべき指示事項が決まる。

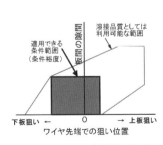

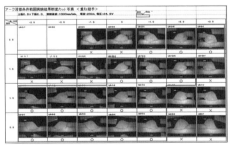

図A.3　適用する条件域の決め方　　図A.4　試験片の溶接部断面写真の例

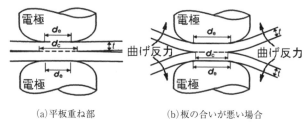

(a)平板重ね部　　　　　(b)板の合いが悪い場合

図1.8　通電初期の板─板間接触状況に対する板の合いの悪さの影響

時に電極の使用限界と考え，電極を新品に取り替える。

　電極のドレッシングの頻度については，このように，生産様式や使用材料を考慮してあらかじめ決めることになる。

　上記した，ウェルドローブ試験と電極寿命試験には，平板2枚を重ねた試験片または試験材が採用されるのが一般的である。しかし，実際の製品を溶接する場合は，プレス成形した三次元形状の構造部材をスポット溶接することになる。上記で説明した平板を用いた板の合いが良い試験結果が，三次元部材にそのまま適用できるかどうかについての確認作業が次に必要となる。

　この目的で続いて行うのが，被溶接材の板の合いの溶接結果への影響および被溶接材表面に対する垂直線からの電極の打角ずれの影響の確認である。

　打角のずれに関しては，スポット溶接作業標準を規定したISO 14373では，10°以下にすべきと規定している。この値を参考にされたい。

　板の合いが悪いと，**図1.8**に示すように，電極加圧をしたときの接合界面に作用する実加圧力は，被溶接材の曲げ反力の影響を受けて，加えた電極加圧力よりは小さな値になる。結果として，平板試験片を重ねた場合には板─電極間通電径より板─板間通電径が大きくなっていた状態が逆転する現象も起こる。この状態は，ナゲットが形成し難くするので，板の合いが悪くなると，電極加圧力を上げるだけでなく，設定する電流値も高くする必要が出てくる。

　このような状態は，**図1.9**に示すような形のすき間付き溶接試験片を採用すれば実験的に確認することができる[1-27]。

　板の合いを考慮して，図1.9に示すような形のすき間付き溶接試験片を用いて溶接可能電流域の位置と広さでウェルドローブの変化を評価する場合には，横軸を電極加圧力で示すよりも，通電初期の接触径 d_i をパラメータにとって

整理する方が，溶接施工要領書に記載す
る指針を決めやすい。

　図1.10に，軟鋼板を用いた結果と
600 MPa 級の高強度鋼板を用いた場合
に，この方針で整理した例を示す[1-28]。

　図にみるように，初期接触径を 3 mm
程度以上にすると板間すき間の影響が避
けられることが，経験値として分かって
いる。

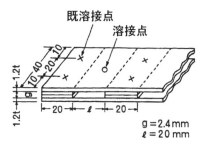

図1.9　隙間付き試験片の例

$g = 2.4$ mm
$\ell = 20$ mm

　ただし，図 1.10（b）からわかるように，板間すき間が変化した場合の溶接
可能電流域の重なり範囲（図中のハッチ域）は高強度鋼になるほど狭くなる。
図は，ナゲット径ゼロを下限としているので，下限を $3.5\sqrt{t}$（t は板厚）と定
義し直すと，600 MPa 級の高強度鋼では実は溶接可能電流域がほとんど存在
していないことになる。高強度材に対しては，ここに示した 2.3 mm のすき間
が残るようなプレス成形部材は，スポット溶接の対象から外れることを意味し
ている。

　溶接施工要領書を作成する場合には，溶接工程の前工程であるプレス工程に
対して，溶接側から必要なプレス加工精度を要求する必要がある。

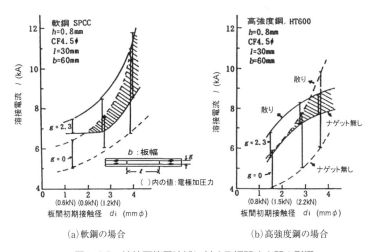

(a)軟鋼の場合　　　　　　　　(b)高強度鋼の場合

図1.10　溶接可能電流域に対する板間すき間の影響

　近年，1,000 MPa 級以上の超高強度鋼が採用されるようになってきた。これらの材料に対するプレス加工のために，加工コストが高くなっても形状凍結性の良い熱間プレスが採用されるようになった理由は，板の合いが悪くて溶接ができない問題を解決するためである。

　なお，板の合いが悪い場合は，図1.10 にみたように，電極加圧力の設定値を上げると，使用材料によっては問題が解消することがある。ただし，設備として大型の溶接ガンが必要になり設備コストが高くなるだけでなく，溶接後の溶接部表面に残る圧痕が深くなる。板の合いが良い溶接部にこの溶接条件を適用した場合には顕著なシートセパレーション（溶接部周辺での板間の残留すき間のこと）を発生させる。このシートセパレーションは，被溶接材を浮き上がらせて，製品の外観の見栄えを悪くする。

　構造材の上に薄板を外板として重ねてスポット溶接する自動車車体では，この浮き上がりは製品の外観品質に直接影響する。鉄道車両で近年増えているステンレス車体の外板にスポット溶接を適用する場合も事情は変わらない。

　スポット溶接作業標準を規定した ISO 14373 では，スポット溶接に伴って生じるシートセパレーションの最大値を，薄板側の板厚以内に抑えるように要求している。

　溶接方法としてスポット溶接を採用する場合には，**図1.11** に示すよう形で既溶接点などへ分流電流が流れることを避けることはできない。この分流発生の影響で溶接部の電流密度が低下し，あらかじめ決めておいたナゲット径が得られないという状態になることも起こる。

　溶接施工要領書を作成する際には，ナゲット径に対する既溶接点などへの分流電流の影響の補正方法，補正の有無などの決め方を記載することも忘れてはいけない。

　ただし，この分流電流の影響に対する最終調整は量産試作（図1.4 参照）で行われる。この量産試作での対応手順も含めて事前に決めておくとよい。

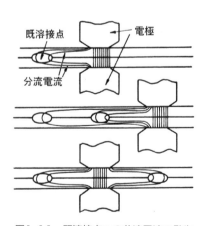

図1.11　既溶接点への分流電流の発生

　また，スポット溶接作業のための溶接施工要領書には，次項で説明する製造工程に適用されている製造ラインが正常に動作していることを確認するための検査や試験の方法も記載しておくことが望ましい。

1.4.5　製造工程（量産ライン）で行う検査と試験

　1.4.1項で述べたように，大量生産工場では，生産工程での品質検査は抜き取りで行われ，生産システムが正常に稼働しているかどうかを確認することが主な目的となる。ただし，重要保安部品に指定された部品や部位の溶接部に対しては非破壊検査などを用いた全数検査が行われている。

　鋼板スポット溶接での作業標準を規定したISO 14373では，基準以上の品質を維持して生産システムが動作していることを確認するために，製造工程で次の2つの検査を行うことを要求している。

　　1）　溶接部の目視検査
　　2）　ISO 10447に準拠した溶接部のピール試験またはたがね試験。または，超音波検査のような非破壊試験
　　注）必要に応じて，引張せん断試験などを追加してもよい。

と書かれている。

　ただし，現実の2）としては，マイナスドライバ形のたがねを用いた非破断形たがね試験または非破壊試験の内の超音波検査が採用されている。

　原則としては，この試験は実際の製品（部品を含む）を用いて行うことが規定されている。しかし，同じ材質で同じ継手の状態が再現されていれば，試験片や試験材を用いることももちろん認められている。

　この品質確認作業は，少なくとも

　　1）　各作業シフトまたは日々の作業開始時，
　　2）　溶接機の電極やジグを取り替えたとき，
　　3）　機器のメンテナンスや修理，交換などを行ったとき，
　　4）　使用する被溶接材の種類を変更したとき，

には行うことが要求される。この規格では，この確認が終わらないと生産ラインを稼働させてはいけないと規定している。

　実際に製品を製造・販売している自動車会社では，出荷されるすべての製品が要求品質を満たしているという保証を目的として，製品を抜き取りで検査し，生産設備が上に述べた要求を満たしているかどうかの確認作業をしてい

る。さらに，全溶接打点に対する溶接時の電流値や電極加圧力の設定値，通電時間を記録したり，生産ラインに製品の寸法精度を自動で確認する計測器やナゲット径を自動で確認できる自動超音波検査装置を組み込むことが行われている。また，生産ラインからホワイトボデーを抜き出して，非破断形たがね試験や超音波検査の手法を用いて主要な溶接部を全数検査する場合もある。

　これらの検査結果も記録として残すことを溶接施工要領書で規定しておくことが望ましい。

1.4.6　溶接部の品質確保のために設計部隊と共有すべき情報

　スポット溶接を用いて製作した溶接継手の代表例を**図1.12**に示す[1-13]。(a) 図は板同士をつなぐ板継手の例を，(b) 図はフランジ部に採用されるフランジ継手の例を示している。溶接継手は，図中に示す力がそれぞれ主に加わると想定して設計される。

　(a) 図の場合の溶接部にはせん断力が，(b) 図の場合の溶接部にはピール力（引き裂き力）が主に作用する。(a) 図に示すような溶接継手の溶接強度を調べるために用いる試験方法が引張せん断試験（ISO 14273/JIS Z 3136）である。また，(b) 図の溶接継手の強度は，十字引張試験（ISO 14272/JIS Z 3137）または機械式ピール試験（ISO 14270）で調べられる。

　スポット溶接を用いた溶接構造（自動車車体など）は，図にみるように，断続溶接構造という特徴をもつ。この断続溶接構造体では，溶接点周辺の被溶接材の存在状況が各溶接継手の強度に影響する。溶接点部分だけを狭い幅に切り

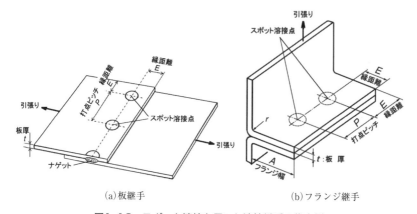

(a)板継手　　　　　　(b)フランジ継手

図1.12　スポット溶接を用いた溶接継手の代表例

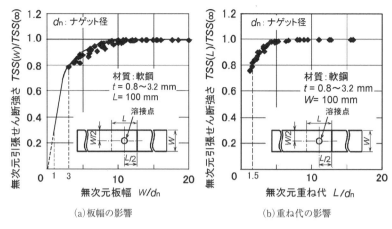

図1.13　引張せん断強さに対する板幅と重ね代の影響

出して求めた溶接強度では，スポット溶接のような点溶接継手の溶接強度を正しく評価することはできない。

図1.13に，引張せん断試験強さを例に，溶接継手の強さに対する板幅と重ね代の影響を調べた結果を示す[1-29]。(a) 図は板幅の影響を，(b) 図は重ね代の影響を整理したものである。図中に◆印で示す実験データとしては，阿部によって求められた実験値を利用している。板幅の影響に対しては，里中らによって求められた数値計算も併せて実線で示してある。また，図中の縦軸は，各板幅で求めた引張せん断強さ $TSS(W)$ を，板幅がナゲット径 d_n に比べて非常に広い（JIS Z 3136 では"飽和板幅試験片"という）場合の TSS 値，$TSS(\infty)$ で割った無次元強さの値（比率）を，(a) 図の横軸は板幅 W をナゲット径 d_n で割った無次元板幅の値を，また，(b) 図の横軸は重ね代 L をナゲット径 d_n で割った無次元重ね代の値をそれぞれ表している。

板幅の影響を示した (a) 図から見ると，板幅がナゲット径の10倍程度になると溶接継手の強度が飽和していることがわかる。(b) 図の重ね代に対してはナゲット径の5倍程度で飽和しており，板幅の場合の半分程度の値である。

図1.13 の結果を利用すると，単点溶接継手の溶接強さに対する溶接部の板幅や重ね代の影響を求めることができるだけでなく，多点溶接継手の溶接強度の予測もできる。（推算手順はコラム6を参照。）

コラム6　無次元整理結果を利用した多点溶接継手強度の推算手順

　図1.13（a）に示した引張せん断強さの無次元整理結果を利用すると次の手順で多点溶接部の溶接継手の強さが推算できる。ただし，ここでは単純化するために，多点溶接部のすべてのナゲット径は同じと仮定している。

1) **図A.5**（a）に示すように，多点溶接部の各溶接点を通る直線および溶接点間の中間点を通る直線を引き，全板幅をA～Fの領域に分ける。
2) この図A.5（a）部の領域に，図A.5（b）に示すように，各破線で追記した領域を追加する。すなわち，折り返して倍の幅にした領域，両端の単点試験片の板幅は縁距離の2倍，最初の溶接点と最後の溶接点の間の単点試験片の板幅は打点ピッチと同じ値とする。

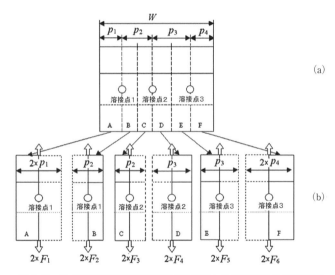

図A.5　多点溶接部の溶接強度を計算するための試験片の分割方法

3) 単点試験片を用いて実験で別途求めた引張せん断試験の結果から，その板幅での引張せん断強さ（*TSS*値）を記録する。そして，試験後に溶接破断部の断面試験を行ってナゲット径を求め，その溶接強度に対する無次元板厚の値を決める。ナゲット径は破断部の溶接径で代用も可。
4) この無次元板厚の値を図1.13（a）の横軸に当てはめ，図中の曲線から無次元引張せん断強さの値（比率）を求める。そして，3）項で記録し*TSS*値をこの比率で割って，飽和板幅に換算した時の*TSS*（∞）値を求める。
5) 図A.5（b）図中に示す各単片の板幅を基に，それぞれの単点試験片に対

応する無次元板幅を計算，図1.13（a）を用いてそれぞれ求めた無次元引
張せん断強さの値（比率）を図から求め，この比率を TSS（∞）に掛けて，
それぞれの単片に対する TSS 値を計算する。ここで，強さの値が2倍になっ
ていることを考慮して，その半分の値（F_i）の和として多点溶接継手の引
張せん断強さを次の式（A.1）を計算して求める。

$$F=\sum F_i \qquad\qquad (A.1)$$

　この式（A.1）の適用性を佐藤らの実験結果[1-30]で確かめた例を**図A.6**に示す。
多点溶接試験片としては，図中に示すような3点の溶接試験片が採用されてい
る。図の縦軸はこの3点溶接試験片で求めた TSS の実験値（●印で表示）を，
横軸は，図中に示す単点試験の TSS 値を基に，上に示した1）〜5）の手順で
式（A.1）を用いて計算した多点溶接部の TSS の推算値をそれぞれ表している。
　式（A.1）が適用できる場合は，すべての実験値が実線で示す直線上に乗る。
実験誤差があると溶接時の打点位置誤差で少し下側にずれることになる。

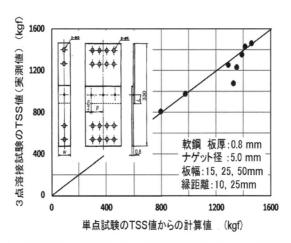

図A.6　単点溶接結果を基にした多点溶接部強度推定への適用性検討結果

　整理した結果は，2点の実験点を除いてよく対応しており，上で示した手順で，
単点の実験結果から多点溶接部の溶接強度（引張せん断強さ）が推算できるこ
とを示している。

　多点溶接部に適用した場合，コラム 6 の図 A.1 に示したように，図 1.13 (a) の横軸は打点ピッチ p をナゲット径 d_n で割った値と読み換えることができる。

　したがって，図 1.13 (a) は打点ピッチがナゲット径の 3 倍を割ると，1 つの溶接点で分担できる引張せん断強さが急速に低下する，すなわち，継手効率が急速に低下することを意味している。打点配置としてこのような状態を設計するのは好ましくない。

　自動車業界の委員が中心になって作成し，日本溶接協会から発行した WES 規格 "スポット溶接作業標準"（WES 7301）では，$5\sqrt{t}$（t は板厚）の大きさもつナゲット径（通常，この値が設計の推奨／標準値として採用される）の 3 倍という値が溶接打点の最小ピッチとして規定されている。WES 7301 と RWMA が決めている打点ピッチの値をまとめて**表 1.7**[1-21] に示す。

　WES で規定している値は，表 1.7 中にみるように，米国の抵抗溶接機製造者協会（RWMA）が作成した既溶接点などへの分流電流の影響を考慮して決めたとされる打点の最小ピッチの値とは少し異なる。ただし，RWMA の基準値は，溶接電流値の調整を単相交流溶接機の切替タップて行う方式で決められたもので，今となれば再吟味すべき規定値と判断した方が良さそうである。

　なお，軽金属溶接協会が主体となって作成したアルミニウムおよびアルミニウム合金板のスポット溶接標準規格である WES 7302 では，打点ピッチの最

表1.7　打点ピッチの最小値に対する推奨値（鋼板用）

単位　mm

板　厚　t		0.4	0.5	0.6	0.8	1.0	1.2	1.6	2.0	2.5	3.2	4.0	5.0
打点ピッチ P の最小値	RWMA の推奨条件表	8	9	10	12	18	20	27	35	42	50	60	73
	WES 7301 の推奨条件表	10	11	12	13	15	17	19	21	24	27	30	34
推奨ナゲット径　d_n　$5\sqrt{t}$		3.2	3.5	3.9	4.5	5.0	5.5	6.3	7.1	7.9	8.9	10	11.2

注記 1　本表は，組合せ板厚比が 1：1 の場合である。板厚が異なる組合せの場合は，板厚が小さい方の値を用いる。
注記 2　鋼板のスポット溶接作業標準国際規格である ISO 14373 では分流電流の影響を低減するために，打点ピッチの値は板厚の 16 倍以上にするようにと推奨している。
注記 3　RWMA の推奨条件表に記載されている打点ピッチの最小値は分流電流を基に決められている。これに対して，WES 7301 の打点ピッチの最小値は溶接強度を基に決めているようである。

表1.8　縁距離の最小値に対する推奨値（鋼板用）

単位　mm

板　厚　t		0.4	0.5	0.6	0.8	1.0	1.2	1.6	2.0	2.5	3.2	4.0	5.0
RWMAの条件表で規定されている最小重ね代の半分の値		5.0	5.5	5.5	5.5	6.0	7.0	8.0	9.0	10.0	11.0	－	－
縁距離Eの最小値（WES 7301）	母材引張強さ590 MPa 以下	4.7	5.3	6.0	6.7	7.5	8.5	9.5	10.6	11.8	13.2	15.0	17.0
	母材引張強さ590 MPa 超	4.7	5.3	6.0	6.7	7.5	9.0	10.6	12.3	15.0	18.0	21.2	25.0
推奨ナゲット径　d_n　$5\sqrt{t}$		3.2	3.5	3.9	4.5	5.0	5.5	6.3	7.1	7.9	8.9	10	11.2

注記1　本表は，組合せ板厚比が1：1の場合である。板厚が異なる組合せの場合は，板厚が小さい方の値を用いる。

注記2　RWMAの溶接条件表では板厚3.2 mm までしか記載されていないので，4 mm と5 mm は空白にした。

注記3　推奨される縁距離の最小値は，推奨ナゲット径の1.5倍～2倍程度になっている。しかし，現実には推奨ナゲット径程度の縁距離（ナゲット端から板端までの距離がナゲット径の半分程度）が設定されていることも多いようである。

小値を，$5\sqrt{t}$（tは板厚）という推奨ナゲット径の4倍以上と規定している。鋼板の場合よりも溶接継手強度の許容低下率を抑えているようである。

　スポット溶接継手の縁距離（図1.12（b）参照）の最小値は，ISO 14373（スポット溶接のガイドライン）では，ナゲット径d_nの1.25倍以上と規定している。

　日本溶接協会が発行したWES 7301の鋼板用規格では，**表1.8**に示すように，$5\sqrt{t}$（tは板厚）という推奨ナゲット径d_nの1.5倍から2倍程度の範囲になるようにこの縁距離の最小値を規定している。表1.8中に併せて示した米国RWMAの規定値と比べると，薄板側では小さく，厚板側では大きくなっている。表には示していないが，アルミニウムおよびアルミニウム合金板のスポット溶接標準規格であるWES 7302では，推奨ナゲット径の1.5～1.6倍の値を縁距離の最小値と規定している。

　しかし，いずれの値も，図1.13（b）から求まる，溶接強度が重ね代の影響で，その値が飽和値の80％[*]の比率に低下した無次元重ね代の値；1.5（縁距離に換算する0.75）と比較するとその値はかなり大きい。

---

[*]　打点ピッチの最小値に対応する比率と同じと仮定した場合の比率の値。

コラム7　スポット溶接で既溶接点がナゲット形成に影響する原因

　スポット溶接部で発生する既溶接点などへの分流電流の大きさ（分流率）は，被溶接材の板厚に大きく影響される。軟鋼材の溶接部を対象として実験的に計測された結果[1-31]を**図A.7**に，また，WES 7301で規定されている打点ピッチの

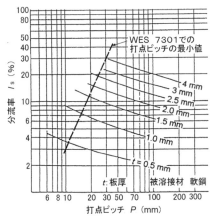

図A.7　打点ピッチと分流率の関係

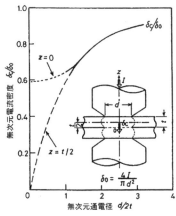

図A.8　板中での電流分布

最小値を図中に太破線で示す。被溶接材の板厚が1.5 mm程度までの最小打点ピッチでの分流率の値は案外小さい。しかし，板厚が4 mm位まで厚くなるとこの値は大きくなる。これが，厚板になるほどナゲット形成に対して分流電流の影響が大きくなると理解されてきた根拠である。

　しかし，既溶接点などがあって，溶接中の板間のシートセパレーションが発生しなくなると，極端な場合には板間をろう付けした部分を溶接する場合と溶接部での電流分布が同じ状態になる。板―電極間の接触界面での電流密度に比べて，溶接ナゲットを形成すべき板―板間接合界面での電流密度が大幅低下して，接合界面でのナゲットが形成し難くなる，と理解した方が良い[1-32]。

　図A.8は，板―電極間と板―板間の通電径を同じとし，溶接部で固有抵抗分布がないと仮定した場合の2枚重ね溶接部中心軸上での電流密度δを数値計算し，通電径dと板厚tの比率で整理した結果をまとめたものである[1-33]。電流密度値は通電径dの円柱に電流が流れた場合の電流密度値で無次元化してある。

　図中の$z=0$は板―電極界面での値を，$z=t/2$は板の中央部の値を示している。

　既溶接点などが存在して，分流電流が最大限に流れた場合の極限状態は，図A.8中で2枚重ねであった状態が，2倍の板厚の1枚板を溶接する場合に変わっ

た状態と想定できる。この変化を板厚の関数としてまとめて**表A.2**に示す。
　既溶接点の影響だけでは表A.1の1枚板に変化した場合ほどの大きな影響は
出ないが，既溶接点への分流電流発生と既溶接点による力学的な拘束効果[1-34]
が相まって，接合界面での電流密度が低下し，ナゲット径の低下がもたらされ
ると理解した方が良さそうである。

表A.2　無次元通電径の値の比較

単位　mm

板　厚	図 A.2 の無次元通電径 $d/2t$ の値[1]	
	通常の2枚重ねの場合	2枚重ねの総板厚 $2t$ を板厚とする1枚板を溶接する場合[2]
1.0	2.5	1.25
2.0	1.8	0.9
3.0	1.45	0.73
4.0	1.25	0.63

注1)　通電径は $5\sqrt{t}$（t は板厚）と仮定。
注2)　通電径は元の板厚 t で計算している。

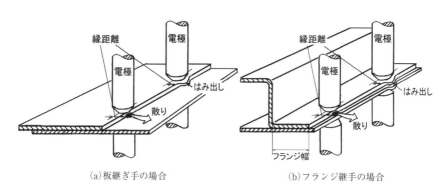

(a)板継ぎ手の場合　　　　　　(b)フランジ継手の場合

図1.14　縁距離が短くなると生じる現象

　この縁距離に対する現場の経験値を聞くと，現実には，最小値はナゲット径
程度に決めているとのことである。
　縁距離に関しては，**図1.14**に示す溶接部外側へのはみ出しや，縁距離が
さらに短くなったときに認められる散りの発生がない状態を目標として，打点
位置を調整している。

第2章

スポット溶接で要求される試験

2.1 スポット溶接で評価すべき事項

　スポット溶接作業では，前章の 1.3 項で述べたように，溶接作業者の技能には頼らないで，使用する溶接システムの設備工程能力を利用して量産ラインでの溶接品質を確保している。この関係で，良好な溶接品質を維持し続けるためには，製造前溶接試験で溶接部の品質評価を行うだけでなく，製造装置の設備工程能力の評価を行う必要がある。

　スポット溶接部の品質としては，ナゲット径と溶接継手の引張せん断強さや十字引張強さなどの溶接強度が要求事項となる。加えて，スポット溶接部の検査方法と品質の判定基準[2-1] に関する JIS Z 3140 でも規定されているように，ナゲット径や溶接強度以外に，溶接部の外観，ナゲットの溶込み率，溶接部の硬さ分布，試験後の破断形態なども品質として要求される場合が多い。スポット溶接で検討すべき品質評価項目をまとめて**表2.1** に示す。

　機械式ピール試験とねじり試験に対する JIS 化はなされていないが，これらの試験方法に対する国際規格は，それぞれ，ISO 14270 および ISO 17653 として制定されている。

　溶接機の設備工程能力確認のためには，1.4.2 項で説明したウェルドローブ試験および連続打点試験の他に，溶接機やスポット溶接用溶接ガンを操作するロボットの移動性能や被溶接材となるプレス成形部材の成形精度，使用材料の材質や板厚のばらつき管理なども必要となる。これらを**表2.2** に示す。

　溶接機の安定動作に関係する項目は，スポット溶接作業標準規格（溶接協会規格・WES 7301 など。関連規格名称は第1章の表1.5 参照）でも説明されて

表2.1　スポット溶接部の品質評価として検討すべき項目

種　類	品質確認項目	対応する試験方法	対応 JIS
外観に関係する項目	溶接部の外観（表面のバリ／散り，ピット，溶接部表面及び周辺の割れ，電極先端物[a] の付着，溶接部表面の溶融）	外観試験	JIS Z 3140
	くぼみ深さ（圧痕の深さ）	くぼみ深さ試験	
溶接部断面構造に関係する項目	ナゲット径[b]，ナゲットの溶込み率，割れ及びブローホール，ナゲット部の金属組織[c]	断面試験	JIS Z 3139
	溶接部の硬さ分布，	硬さ試験	
溶接継手の強さに関係する項目	引張せん断強さ（TSS）	引張せん断試験	JIS Z 3136
	十字引張強さ（CTS）	十字引張試験	JIS Z 3137
	機械式ピール強さ（MPS）	機械式ピール試験（L 字引張試験）	対応 JIS なし
	ねじり強さ	ねじり試験	対応 JIS なし
	疲れ強さ	疲労試験／疲れ試験	JIS Z 3138
	衝撃強さ	衝撃試験	対応 JIS なし
その他の項目	溶接径およびプラグ径	現場試験および各種破断試験	JIS Z 3144
	破壊試験後の破断形態		JIS Z 3001-6

a)　亜鉛めっき鋼板の溶接では銅―鉄―亜鉛の合金。アルミニウム材の溶接では銅―アルミ合金。
b)　JIS Z 3140 では，試験後の破断部から求めた"溶接径"で代用することを許容している。
c)　過大な溶接時間を設定すると，通電期間中にナゲット周辺部から凝固が始まり，溶接電流が流れている溶接時間内にも拘わらず，通常のデンドライト組織とは異なる粗粒の徐冷組織がナゲット内の周辺部に形成される。この部分もナゲット径やナゲット厚さの計測に際してはナゲットに含まれるが，溶接強度からみると問題になることがある。

いるが，溶接品質のばらつきに最も影響するのは電極の先端形状と電極先端の芯ずれ（位置ずれ）および溶接ガンアーム部の剛性である。自動車の車体でよく用いられるフランジ継手の溶接部では，ロボットの停止位置精度やプレス成形精度も重要な検討事項となる。

2.2　溶接部の品質評価項目

2.2.1　溶接部と溶接継手で検査すべき項目

　スポット溶接部の品質，すなわち出来具合は，第一義的には要求ナゲット径を満足しているかどうかで判断する[2-1]。しかし，構造物としてみた場合は，このナゲット径よりも溶接部の強度が性能面の要求事項になることが多い。設計者の立場に立てば，溶接部の強度を基に構造設計しているためである。製品

表2.2　設備工程能力に関係する管理項目

種　類	管理項目	備　考
溶接品質のばらつきに関係する項目	ウェルドローブ（溶接可能電流域）	ウェルドローブ試験
	連続打点性能（電極寿命）	連続打点試験／電極寿命試験
溶接機の安定動作に関係する項目	スポット溶接電極の先端形状 電極の冷却方法と冷却水量	WES 7301，および JIS C 9305，JIS C 9304 など参照
	溶接電流値の安定性と再現性	
	電極加圧力値の安定性と応答性	
	溶接ガン（溶接ヘッド部）の剛性	
	電極先端の芯ずれ	
ロボット等の動作精度に関係する項目	ロボットの停止位置精度（溶接点の打点位置精度）	なし
	ロボット動作の教示および設定精度	
	ロボットアームの剛性	
その他の項目	プレス成形部品の成形精度（板間の合いおよび寸法精度）	なし
	既溶接点の位置／打点配置	
	使用材料の板厚および材質のばらつき 使用材料の表面状況	

　の品質管理者の立場でも，出荷した製品が簡単に変形したり，壊れたりしないだけの強度を保てることが必要不可欠となる。

　この溶接部の出来具合を評価する追加情報としては，必須条件ではないが，習慣的によく利用されているのが溶接強度試験や，たがね試験，ピール試験などによる現場試験（第3章参照）後に観測できる破断形態と溶接径である。

　破断形態の評価では，溶接部の試験後の破断部外観から測定した溶接径（定義はナゲット径とは異なる。コラム8参照）が要求値を満足していて，しかも試験後の溶接部がボタン状に抜けた破断（プラグ破断という）になれば溶接品質として不足はないという，軟鋼薄板材のスポット溶接部に対して培われてきた長年の経験則からきている。

　しかし，最近使用が増えている高強度材や超高強度材の溶接部にこの概念を適用すると問題が生じる。十分大きな径のナゲットが形成されていても，試験方法によっては接合界面を横切る破断が発生し，破断面をエッチングして確認しないと，溶接不良に見間違えてしまう可能性が出てきている。軟鋼材でも，被溶接材の板厚が厚くなると類似の現象が現れる。これは，被溶接材の強度や

板厚が増すと，ナゲット径が要求値を十分満足する$5\sqrt{t}$（t：板厚 mm）の要求値（公称ナゲット径ともいう）をもっていても，力学的な特性の結果として必然的に溶接部の破断形態が界面破断の形に変化するためである[2-2]。

この結果，溶接強度的には十分な強さをもつ溶接部が，単にプラグ破断しないという理由だけで溶接品質的には好ましくないと誤って判断してしまう可能性が最近出てきた。高強度材の溶接部にこのプラグ破断を要求すると特に問題が生じやすい。

ただし，プラグ破断できるように$5\sqrt{t}$より大きな径のナゲットを作ると過剰品質となる。現状としては，溶接部の出来具合を評価するためには，設計書の要求仕様や当事者間の協定，溶接施工要領書に従って使用目的や要求条件をよく考えて決めることが肝要といえる。

2.1項で述べたように，溶接部のナゲット径と溶接強度の値以外に，製品の用途や目的によっては，表面の圧痕やピットなどの外観，溶接部の組織変化や硬さ分布などの評価も必要とされることがある。スポット溶接の溶接品質基準である JIS Z 3140 では，外観に対する要求に対処するために A ～ C 級に AF 級～ CF 級を加えて要求品質の等級を区分している[2-1]。

また，溶接品質と溶接部の強度のばらつきが少ない安定した製品が出荷でき

コラム8　ナゲット径と溶接径およびプラグ径の違い

スポット溶接の"ナゲット径"は，溶接部を切断し，その切断面を腐食して，その部分の断面の金属組織観察から求めたものをいう。これに対して，"溶接径"はスポット溶接部を強度試験したり，現場試験した後の破断部の外観から，ナゲット径に相当すると推察される部分の寸法を測定して求めたものである。溶接時に被溶接材間で熱間圧着や熱間圧接してナゲットの外周に形成されているコロナボンド部と区別して測定するのは難しい場合も多いが，熟練した作業者が観察・測定すれば，溶接径としてナゲット径にほぼ近い値が得られる。ただし，この測定値はナゲット径そのものではないことに留意されたい。

"プラグ径"とは，溶接部の強度試験や現場試験をした後，溶接部にボタン状の突起として残る破断形態（プラグ破断）になった場合に，このボタン破断部の底で測った突起部の径のことをいう。米国では，通常，"ボタン破断"や"ボタン径"と呼んでいる。

ることや，この安定した製品の品質や性能を長期間にわたって維持できる耐久性が重要視される製品も多い。溶接部の疲労試験が要求される理由はここにある。

2.2.2 溶接部の品質等級区分と要求される試験の種類

スポット溶接部の品質等級は JIS Z 3140 で規定され，溶接ナゲット径および溶接部表面の平面性によって，**表2.3** のように区分される[2-1]。

1989 年に作成された旧規格（JIS Z 3140: 1989）では，A 級は "特に強さを要する溶接部"，B 級は "強さを要する溶接部"，C 級は "A 級，B 級以外の溶接部" と表現されていた。しかし，この旧規格の定義を明確にした方が良いという議論から，2017 年に発行された改訂版では，表 2.3 に示したような形に定義が変更された。旧規格の意味を含んで，ナゲット径の値で再定義されたと理解するとよい。

一般的には，自動車産業で車体の溶接強度を必要とする場合には，A 級の溶接部を採用する。溶接強度をあまり必要としないが，走行中に振動などの発生を抑えるだけの役割を期待する増し打ち打点部位に対しては C 級の溶接部が採用される。B 級の溶接部は，交通標識など，あまり振動をともなわない静的強度のみを必要とする構造物で，溶接強度がある程度要求される打点部位に適用される。

なお，AF 級〜CF 級は，ナゲット径の大きさは，それぞれ A 級〜C 級に相当するが，溶接部のくぼみ深さ（圧痕深さ）を規定値以下に抑えて溶接部表面の平面性も要求された場合の品質等級区分を適用する場合に採用する。

要求品質規格である JIS Z 3140 では，品質等級区分に対応して，**表2.4** に

表2.3　JIS Z 3140で規定されている溶接の品質等級

溶接部の等級	要求するナゲットの径及び平面性
A 級	平均値で $5\sqrt{t}$ 以上の径のナゲットが形成される溶接部
B 級	平均値で $4\sqrt{t}$ の径のナゲットが形成される溶接部
C 級	平均値で $3.5\sqrt{t}$ の径のナゲットが形成される溶接部
AF 級	A 級の大きさのナゲットが形成し，かつ表面の平面性を要する溶接部
BF 級	B 級の大きさのナゲットが形成し，かつ表面の平面性を要する溶接部
CF 級	C 級の大きさのナゲットが形成し，かつ表面の平面性を要する溶接部
注記　t：板厚　（mm）	

表2.4　品質等級に対応した試験の項目

溶接部の等級	第1種試験によるもの	第2種試験によるもの
A 級 B 級	溶接部の外観 ナゲット径または溶接径 ナゲットの溶込み率 溶接部の割れおよびブローホール 溶接部の硬さ 引張せん断強さ 十字引張強さ*	溶接部の外観 ナゲット径または溶接径
C 級	溶接部の外観 ナゲット径または溶接径	溶接部の外観 ナゲット径または溶接径
AF 級 BF 級	溶接部の外観 くぼみ深さ（平面性） ナゲット径または溶接径 ナゲットの溶込み率 溶接部の割れおよびブローホール 溶接部の硬さ 引張せん断強さ 十字引張強さ*	溶接部の外観 くぼみ深さ（平面性） ナゲット径または溶接径
CF 級	溶接部の外観 くぼみ深さ（平面性） ナゲット径または溶接径	溶接部の外観 くぼみ深さ（平面性） ナゲット径または溶接径

注1　十字引張試験は鋼材に対してのみ適用する。
注2　第1種試験は，単点のスポット溶接試験片または多点のスポット溶接試験材から切り出した溶接試験片を用いた試験で，溶接条件設定や溶接機器の評価，材料の溶接性確認などに利用する。
注3　第2種試験は，製品または製品相当部材の溶接部から切り出した試験片を用いる試験，または製品から溶接部を切り出さないで溶接部に対して直接行う試験で，主に，製品の溶接部の品質検査に用いる。

記載する試験の実施が要求されている[2-1]。

　この JIS Z 3140 には，各等級に対応するナゲット径と溶接強度の要求値も規定されている。これらの値を知りたい場合は規格本文を参照されたい。

　なお，表2.4中にも記載したように，第1種試験は，単点の試験片または多点のスポット溶接試験材から切り出した単点の溶接試験片を用いた試験で，溶接条件設定や溶接機器の評価，材料の溶接性確認などに利用する。第2種試験は，製品または製品相当部材の溶接部から切り出した試験片を用いる試験，または製品から溶接部を切り出さないで溶接部に対して直接行う試験で，主に，製品の溶接部の品質検査に用いる。溶接結果の簡易検査（現場試験）を採用することを前提としている。ただし，同じ現場試験を用いても，ウェルドローブ試験や連続打点試験の際には，第1種試験の方法の試験片が採用される。

2.2.3　溶接部に働く力とその試験方法

　スポット溶接部に対して要求される性能の内で最も重要となるのが溶接部の強度である。**図2.1**（a）に示す"せん断力"（押し切りで切るように働く力）に対する"せん断強さ"と，図2.1（b）に示す"ピール力"（ものを引き裂くように働く力）に対する"ピール強さ"に分けられる。せん断強さとピール強さは破断限界時の荷重の値から決め，スポット溶接部の溶接強度と呼ぶ。

　厚板を突合せ溶接する通常のアーク溶接部ような単純な"引張力"だけが負荷されることはスポット溶接部では基本的には起こらない。実際の製品は，このピール力とせん断力が複合した形で負荷された状態下で使用される。

　図2.1に示した2種類の力による試験は，引張せん断試験および十字引張試験並びにL字引張試験とも呼ばれる機械式ピール試験と呼ばれる方法を用いて実施される。これを**表2.5**にまとめる。

　最もよく採用されるのが，溶接部のせん断強さを簡単に評価するための引張せん断試験である。この試験は，溶接部のせん断強さを求めることを目的として開発されたが，試験の後半過程で，**図2.2**に示すように溶接部が回転し，純粋なせん断力以外にピール力も加わった形の試験となる[2-3]。

　この問題を避けるために，C形をした試験片を用いる方法もあるが，試験片作成の手間がかかるという難点がある。簡単な対処方法は，表2.5中の模式図に示すような3枚重ねの試験片を用いた，いわゆる，純せん断試験（仮称）を用いて試験を実施する方法である。3枚重ねの上側と下側の板厚が同じで，中

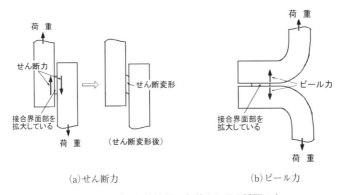

(a)せん断力　　　　　　　　(b)ピール力

図2.1　スポット溶接部に負荷される2種類の力

に生成されるナゲット径も同じ場合，両側の曲げモーメントが釣り合って，図2.2[2-4] に示したような，引張せん断試験の後半過程で現れる溶接部の回転が抑えられ，純粋なせん断強さの試験が実施できる。

表2.5 溶接部に作用する力とその評価試験及び溶接強度の名称

溶接部に作用する力	試験方法の名称（試験片の特徴）	試験片の形状と荷重の向き	求める溶接強度（略号）	対応する JIS 及び ISO の規格番号
せん断力	引張せん断試験[1]（通常は2枚重ねの試験片を採用．試験中に試験片が曲がる）		引張せん断強さ（TSS）	JIS Z 3136 ISO 14273
	純せん断試験（対称な形の3枚重ねの引張せん断試験．試験片は曲がらない）	シム板	せん断強さ[3]（略号はない）	規格としてはまだない
ピール力	十字引張試験（試験片としては2枚の板を十字に重ねる）		十字引張強さ（CTS）	JIS Z 3137 ISO 14272
	機械式ピール試験[2]（L字形の試験片を突合せた形）		機械式ピール強さ（MPS）	ISO 14270

注記1) ラップせん断試験や重ねせん断試験と呼ばれることもある。
注記2) 日本ではL字引張試験やL字継手の強度試験と呼ばれることが多い。国際規格での名称。
注記3) 現状では区別されていないので，引張せん断強さと呼び，略号にTSSを採用してもよい。

図2.2 破断直前に除荷した引張せん断試験片の変形状況

　溶接部のピール強さを評価する試験としては，以前は試験片をU字形に曲げたU字引張試験も採用されていた。現在では，2枚の板を十字に重ねた十字引張試験およびL字形をした試験片を利用する機械式ピール試験だけが利用されている。

　後者の機械式ピール試験は，フランジを有する実構造物の継手強度を反映する試験方法で，多点溶接部の試験もできる。日本ではL字引張試験またはL字形引張試験と呼ばれている。この機械式ピール試験で求まる溶接強度は，十字引張試験で得られる値のほぼ半分と考えればよい。この形の試験片を用いている自動車会社が日本にあり，今後JIS化される可能性がある。

　近年使用が増えている高強度材のスポット溶接部では，引張せん断強さ以外にピール強さを求める十字引張強さの測定も不可欠となってきている。

　2017年に改定されたスポット溶接品質の要求基準規格であるJIS Z 3140では，この十字引張強さの要求値が新たに追加された[2-1]。

2.2.4　ナゲット径および溶接部の断面構造と各部名称

　スポット溶接部のナゲット径は，溶接部の断面を切り出し，適正なエッチング液で腐食した後に初めて観測できる。第3章で説明するピール試験やたがね試験，ねじり試験等の現場試験で溶接部を破断した後に破断部を測定して求める溶接径と混同して利用されることがあるが，両者の定義は異なる。

　ナゲット径は，溶接過程中に溶融している部分が成長・拡大し，接合界面で最大となった時期の溶融径として定義される。この溶融径が最大になった時点以降は，通電中に凝固を開始することがあるため，溶接後の観察ではデンドライト組織を呈さない状態の組織の部分を含むことがある[2-5]。ナゲット部でデンドライト組織として観察される部分は溶接時間終了時に溶融していた部分に対応し，溶融径の痕跡ともいう。

　このナゲット径は，**図2.3**[2-5]に示すように，2枚の被溶接材間の接合界面位置での溶接部断面を観測して求める。3枚以上被溶接材を重ねた溶接部に対しても，各板間の接合部でそれぞれのナゲット径を測定する。溶接部断面全体でみたナゲットの最大径とは一致しないことがある。

　また，交流スポット溶接機を用いて溶接時間の設定を長くしすぎると，溶接中にナゲット部が徐々に凝固して，**図2.4**[2-6]に示すように，一度溶融した部分が通電中に徐冷されながら凝固する関係で，デンドライト組織の外側に，徐

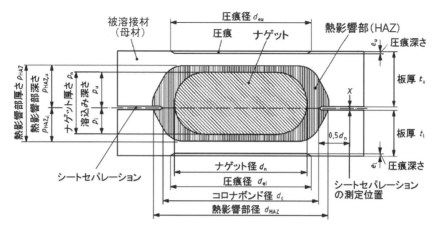

図2.3　スポット溶接部の断面構造と各部名称[*]

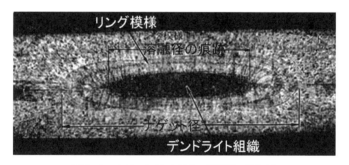

図2.4　ナゲット部でのリング模様の発生例

冷中に形成された組織が認められるようになる。これをリング模様という。直流電源を用いる溶接機を採用した場合にはリング模様とはならないが、やはり溶接時間中に生成した徐冷組織の痕跡が認められることがある。

　過大な溶接時間を設定した溶接部でナゲット径を測定する場合には、このリング模様の部分も含めた形でナゲット径を計測する必要がある。デンドライト

---

[*]　ISO 17677-1 では"Indentation"と呼び、日本語訳は"圧痕"となる。一方、要求品質規格の JIS Z 3140 では"くぼみ"と呼んでいる。同じ意味である。

組織の部分だけを計測すると，通電時間を延ばす程ナゲット径が縮むという，誤った結論を導いてしまうので注意されたい。

図2.3には，溶接部の断面観察で求められるナゲット径以外の各部の名称[2-5]もまとめて示してある。

コロナボンド部はナゲットの外周域に存在し，溶融はしていないがかなりの高温になって被溶接材間で圧接している部分と理解されている。このコロナボンド部の外周部の径をコロナボンド径という。溶接部を接合界面に沿って破断したとき，母材との境界が波打っていて太陽のコロナのように見えたのでこの名前がつけられた。このコロナボンド径は，図2.3に示したように，熱影響部径より少し狭いのが普通である。

コロナボンド部が完全に圧接されていれば，もちろんかなりの強度をもつ[2-7]。しかし，通常はあばた状に圧着していて接合強度としての安定性にも劣るため，このコロナボンド部は接合強度としては期待しない。通常，溶接強度はナゲット部だけで負担していると考えて溶接構造を設計する。

ただし，コロナボンド部を含めて電気的には上下の板間が繋がっているので，板―板間の通電径の大きさを推定する場合はこのコロナボンド径の値が採用される。

圧痕径や圧痕深さは，採用する電極の先端形状によって変化する[2-6]。図2.3は新品のCF形電極を用いた場合で示されているが，R形電極を用いた場合や連続打点後の"へそ"の付いた電極（1.4.3項の図1.6参照）では多少異なる形になる。基本的には元の被溶接材表面より下がりかけた部分の外径，または圧痕部外周にできた外輪山の頂上部の位置の径として決める[2-9]。

圧痕径は電極と被溶接材とが接触した部分ともいえる。板―電極間の通電径を実験的に求める際にはこの圧痕径が通電径として採用される。なお，圧痕の

コラム9　コロナボンド部の役割

コロナボンド部は，コラム8でも述べたように，ナゲットの外周部に形成された圧接部分で，電極で加圧されて内圧をもつナゲット内溶融金属が接合界面から吹き出さないように抑える役割もしている。一瞬でもこのコロナボンド部まで溶融が進行すると中散りが発生する。（散りに関してはコラム13を参照）

深さ（JIS Z 3140 ではくぼみ深さという）や圧痕径は断面試験からも計測できるが，外観試験としても観測できる。

　ナゲットの溶込深さは，各板ごとに接合界面からの距離で決める。ナゲット厚さとナゲットの溶込み深さの定義は異なる[2-5]ので，溶接部の断面試験の方法の詳細を知りたい場合は JIS Z 3139 を参照されたい。

2.2.5　溶接部の破断形態とその名称

　2.1節で紹介した破断形態の名称としては，プラグ破断，部分プラグ破断，母材プラグ破断，界面破断など多数の呼称が使用されている[2-5]。しかし，基本は，**図2.5** に示すプラグ破断，界面破断，および部分板厚破断（仮称）の3種類である。

　プラグ破断は，図2.5（a）に示すように，ボタン状に抜けた突起部の表面に相手材の溶接部分の表面が残っている，いわゆる，栓抜けした破断形態をいう。界面破断は，図2.5（b）に示すように，接合界面またはそのごく近傍で上板と下板に分断され，溶融して形成されたナゲット部とその周囲に形成されていたコロナボンド部が同時に観察できる状態の破断形態をいう。部分板厚破断は，2019年に発行された改訂版の ISO 17677-1 で新しく追加された破断形態の名称である[2-10]。最近利用が増えている高強度鋼板や超高強度鋼板で出現したため追加された。この部分板厚破断では，図2.5（c）に示すように，通常，板厚の半分程度の高さをもつ突起が溶接部の一部として残るのが特徴である。板厚内で破断するためこの名称がつけられた。

　ISO 17677-1: 2019 では，この基本形を組合せた形で現れる複合型の破断形態に対する呼び方も変更された。この新しい呼び方では，旧来の部分プラグ破断は，部分界面破断をともなった部分プラグ破断と呼ぶことになる。米国溶接学会（AWS）が作成した高強度材薄板抵抗溶接部の品質要求規格である D

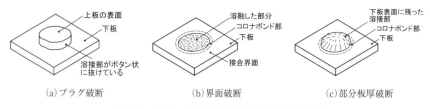

(a)プラグ破断　　　　　　　(b)界面破断　　　　　　　(c)部分板厚破断

図2.5　スポット溶接部破断形態の基本3形態

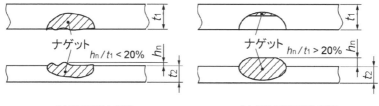

(a)界面破断と判断   (b)部分板厚破断と判断

図2.6　部分板厚破断と界面破断を区別する基準

コラム10　"部分板厚破断"という用語について

　部分板厚破断（仮称）という用語は新しく制定された"partial thickness failure"の和訳である。一見，ナゲット境界に沿って破断しているようにも見えるので，ナゲット境界破断と呼んでもよいかもしれないが，図2.6（b）に示したように，必ずしもナゲット形状に沿っている訳ではない。使用する材料によっては被溶接材中央面に不純物が残存した層を通って破断が進展することある。このため，部分板厚破断と名付けられた。

　ただし，例えば，部分板厚破断が界面破断などと複合した形を正確に表現すると"部分部分板厚破断"となりかねない。この用語の和訳としては，"板厚内破断"等の別の言葉を探し，"部分"という言葉を含まない形の用語にする方が良いかもしれない。今後の検討が待たれる。

8.1[2-11)] には，この他にも種々の複合破断形態が示されている。しかし，日本の製鉄メーカーが製造した鋼板を採用する限り，このようなAWSで示された複雑な形の複合破断形態はあまり起こらない。

　なお，界面破断と部分板厚破断の区別は，**図2.6**に示すように，破断後に突起が残存した溶接部に残された突起部の高さと板厚の比率で決める。ISO 17677-1 に示された例では，上板の板厚 t_1 に対するこの破断部突起高さ h_n の比率が20%を超える場合を部分板厚破断と呼び，この値以下の場合を界面破断と呼ぶことにしている[2-10)]。

2.2.6　溶接部のプラグ径と溶接径の測り方

　ピール試験のような現場試験や引張せん断試験ような機械的試験を行ったスポット溶接部にボタン状に残った部分をプラグと呼び，この破断形状をプラグ

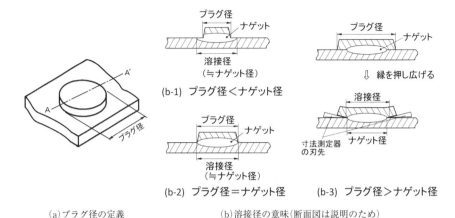

（a）プラグ径の定義　　　　　　（b）溶接径の意味（断面図は説明のため）

図2.7　プラグ破断部でのプラグ径とナゲット径および溶接径の関係

破断形態という。プラグ径は，**図2.7** に示すように，このボタン状に残った溶接残存部分の底部の径をノギスなどを用いて測定して求める。

　しかし，計測すべき溶接径は，断面試験をしない状態でナゲットの大きさを推察して求める関係で，断面試験で求めたナゲットと一致する保証はない。溶接径をできるだけ正しく計測（ナゲット径に近い値に）するためには，かなりの経験と熟練が必要となる。

　図2.7（b）の（b-1）〜（b-3）の図中に表したナゲットの断面形状は，試験後に溶接部を機械的に切断し，切断面を研磨・エッチングして始めて観察できる。説明用に示しているだけで，破断部から溶接径を測定する際には，この断面図に示したナゲットは作業者には見えないことに留意されたい。

　典型的には，図2.7（b）に示す3つの場合が起こりうる。

　（b-1）図はプラグ径がナゲット径より小さい場合，（b-2）図はプラグ径とナゲット径がほぼ等しい場合，（b-3）図はプラグ径がナゲット径より大きな場合をそれぞれ示している。なお，（b-1）は部分プラグ破断，（b-3）は母材プラグ破断と呼ぶ[2-5]。

　プラグ破断した部分で溶接径を計測する場合，（b）図に示したナゲット径とプラグ径との大小関係によって溶接径の測り方が異なる。

　（b-1）図の界面破断部が部分的に残っている部分プラグ破断では，**図2.8** に示す界面破断の場合を参考にして，プラグ部だけでなく，これに破断界面で

ナゲットと想定される部分も含めて溶接径を求める．（b-2）図に示すように，ナゲット径とプラグ径がほぼ一致していると判断された場合は，計測されたプラグ径の大きさをナゲット径とすればよい．

一方，プラグ径がナゲット径よりも大きくて，プラグ破断部内側の溶接部板間にすき間が残っている母材プラグ破断と判断される図2.7の（b-3）図の場合は，図中の下側に示すように，溶接部上部に残った残存部を取り除くか曲げて，測定端がナイフエッジになった寸法測定器（例えばノギス）を用い，このナイフエッジの先端をすき間に強く押し込んで測定する．この場合，このすき間に先端が完全な形で押し込まれるという保証ができないので，通常，溶接径として測定した値はナゲット径より少し大きめの値になることが多い．

図2.8に示す界面破断の場合は，破断後ディンプル状に見える"ナゲットと思われる部分"を計測して溶接径を求める．"ナゲットと思われる部分"と表現したのは，ナゲット部周辺に形成されているコロナボンド部との区別が難しく，人によって判断が分かれるためである．この区別にも慣れが必要である．うまく測定できるコツは，溶接部破断時にコロナボンド部に過大な傷を残さないことである．

図2.9に示す部分板厚破断の場合の溶接径は，図中の右側に示す破断部隅の状況をよく観察し，図を参考にして求める．

なお，図2.8や図2.9には溶接径の測定方向として一方向しか示していない．しかし，通常は，少なくとも2方向から測定し，各測定値とともに平均値を記録することになっている[2-10]．ただし，2方向計測がどうしても困難な場合は1方向からの計測でも可とされる．

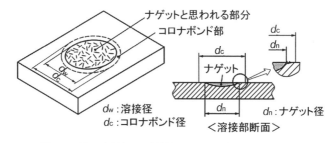

図2.8 界面破断部での溶接径とコロナボンド径の測り方

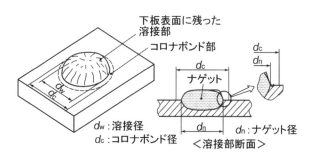

図2.9　部分板厚破断部での溶接径とコロナボンド径の測り方

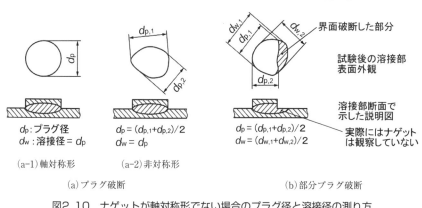

図2.10　ナゲットが軸対称形でない場合のプラグ径と溶接径の測り方
（図はナゲット外周とプラグの外周がほぼ一致している例で示してある）

　図2.10に示すように，破断部の形状が明らかに軸対称破断の円形でない場合は，破断部から計測したプラグ径と溶接径の最大値と最小値をそれぞれ求め，各々の平均値を用いてそのスポット溶接部のプラグ径と溶接径を決める[2-10]。この最新の決め方[*]は，ISO用語の改訂作業で決まったもので，日本でこれまでに発行された溶接便覧を含む出版物の記載内容とは異なることに注意されたい。

---

[*]　以前は，非軸対称のナゲットを楕円形と想定し，長径とそれに直角な方向の短径を測定してその平均値でプラグ径や溶接径を求めるように規定されていた。しかし，実際には，溶接部が楕円形に近似できるとは限らない。楕円形に近似できない異形ナゲットが形成される場合も多い。それで，ISO 17677-1: 2019改訂の抵抗溶接用語規格では，最大径と最小径の平均値を採用するように変更された。

2.3 溶接強度の種類とその測定方法

2.3.1 構造物として要求される溶接強度の種類

　溶接構造物としてみたときにスポット溶接部に要求される溶接強度の種類は，引張試験機で測定できる引張せん断強さや十字引張強さなどの静的強さだけでなく，繰返し荷重に対応する疲労強さ，車の衝突時などで重要となる衝撃強さとがある。そして，それぞれの試験に対する試験方法や試験片形状が日本産業規格である JIS や，国際規格である ISO 規格で規定されている。**表2.6** に，これらを一覧として示す。表中の "――" 部は対応する内容がないことを表している。

　引張せん断強さ[2-12]や十字引張強さ[2-13]を測定する静的荷重を用いる方法では，表2.6中に示すように，基本的には，それぞれの試験方法に対応した1点だけのスポット溶接点をもつ単点溶接試験片を用いて試験する。引張せん断試験規格や機械式ピール試験規格には多点スポット溶接試験片を用いる方法も記載されているが，これらも実際は単点溶接試験片に切り離した後に試験を行う。多点溶接試験片のままでの試験はしない。十字引張試験は，試験片形状の制約から1点の溶接部を持つ単点溶接試験片にしか適用できない。

　繰返し荷重を受ける疲労試験は，疲れ試験ともいわれ，単点溶接部を試験する方法と多点溶接部を試験する方法の2種類がISO規格として制定されている。日本では，前者の単点溶接試験片を用いる方法だけがJIS化されている[2-14]。後者の多点溶接試験片を用いる方法はJIS化されていない。多点溶接

表2.6　スポット溶接部に用いられ溶接強度試験の種類と使用試験片

荷重の種類	試験の種類	使用する試験片の種別		対応 JIS 規格	対応 ISO 規格
		単点溶接試験片	多点溶接試験片		
静的荷重	静的試験	引張せん断試験片 十字引張試験片 機械式ピール試験片	―― ―― ――	JIS Z 3136 JIS Z 3137 ――	ISO 14273 ISO 14272 ISO 14270
繰返し荷重	疲労試験	引張せん断試験片 十字引張試験片 ―― ―― ――	―― ―― ピール試験片，H形試験片 ハット形試験片，KS-2試験片 ダブルディスク試験片など	JIS Z 3138 JIS Z 3138 ―― ―― ――	ISO 14324 ISO 14324 ISO 18592 ISO 18592 ISO 18592
衝撃荷重	衝撃試験	引張せん断試験片 十字引張試験片	―― ――	―― ――	ISO 14323 ISO 14323

試験片を用いる方法がISO規格化されたのは，構造物としてみたとき，すべての溶接点を同じ状態に作ることが不可能なこと，すべての溶接点が同じ荷重状態になるとは考えづらいこと，すべての溶接点から同時に疲労クラックが発生し始めることもないためである。溶接部の少しの不均質さに起因した影響を含めて実験的に観察する必要があるため，欧州の自動車会社からの情報を基に，2009年に多点溶接部の疲労試験規格が制定された[2-15]。

　スポット溶接部の衝撃強さの試験規格もJIS化されていない。このISO規格は2002年に制定されている。厚板のアーク溶接部の試験でよく知られているシャルピー衝撃試験機を用いる方法と，高所から重りを自由落下させて試験する落重式衝撃試験機を用いる方法とがある[2-16]。使用する試験片としては，単点溶接試験片を用いる場合だけが規格化されている[2-16]。

2.3.2　静的強度を調べる試験—静的強度試験

　スポット溶接部の静的試験としては，引張せん断試験と十字引張試験，および機械式ピール試験（L字引張試験）がある。

2.3.2.1　引張せん断試験

　引張せん断試験は，スポット溶接部の破壊試験として最も多く用いられている方法である。短冊形の試験片（クーポンともいう）を2枚，**図2.11**（a）

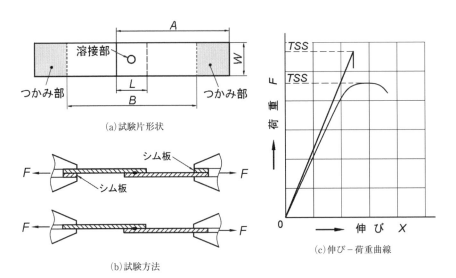

(a)試験片形状

(b)試験方法

(c)伸び-荷重曲線

図2.11　引張せん断試験の試験片と試験方法および引張せん断強さの決め方

に示すように重ねて，重ね部中央にスポット溶接し，同図（b）に示すような形で引張試験機に取り付けて試験する方法である。シム板（添え板）を取り付ける場合と取り付けない場合とが規定されている。

引張試験機は，原則として，上部と下部のつかみ具の荷重軸がずれないように試験片の形状を成形・調整し，上下つかみ部間の荷重軸が一直線になるように設定して使用する。

2枚重ねのスポット溶接試験片のように，2枚の試験片の中心線がずれた引張試験片を用いる場合は，図2.11（b）中の上側の図に示すように，相手材の板厚と同じ板厚のシム板をスポット溶接などで取り付けて，荷重の中心軸が上下でずれないようにするのが望ましい。特に，板の剛性が高く，試験中に試験片が曲り難い厚板溶接試験片などを用いる場合は，引張試試験機の上下の荷重軸を一直線上に通すためにシム板を取り付けて試験を行う，シム板を取り付けないと，上下のつかみ具で試験片をうまくつかめなくなる場合が出てくるためである。

しかし，薄板や柔らかい材料を用いた溶接部の試験ではシム板を取り付けなくても試験片がたわむことによってつかみ具からみた荷重軸は一直線上に通り。しかも引張試験中は，図2.2に示したように板の曲りが顕著となってシム板を取り付けた効果は出ないので，上下つかみ具間の芯ずれに対する心配は考えなくてよい。このような場合はシム板なしで試験してよい。

引張せん断試験の試験結果としては，図2.11（c）に示すような伸び－荷重曲線が得られる。各曲線のピーク値を求めて引張せん断強さ，*TSS* 値を決める。略号として用いられている "TSS" は Tensile Shear Strength（引張せん断強さ）の頭文字を取ったものである。

試験に採用する試験片の寸法は，日本で1960年代から採用されてきた通常板幅試験片を用いる**表2.7**の場合と，測定される溶接強度が板幅や重ね代に対してほぼ飽和した状態になる ISO 14273 で規定された飽和板幅試験片を用いる**表2.8**の場合とがある[2-12]。試験片寸法としてどちらを採用するかは，溶接施工要領書の記載によるか，受渡当事者間で事前に協議しても決めればよい。

従来から得られている既存のデータとの互換性を重視したい場合は，通常板幅試験片の寸法を採用するとよい。

板厚または材質が異なる板を組み合わせて作成した試験片を用いる場合は，

表2.7　通常板幅試験片の寸法

単位：mm

呼び板厚　t	板幅　W	重ね代　L	試験片の長さ　A	クランプ間距離　B
0.3 以上～0.8 未満	20	20	75	70
0.8 以上～1.3 未満	30	30	100	90
1.3 以上～2.5 未満	40	40	125	100
2.5 以上～5.0 以下	50	50	150	110

表2.8　飽和板幅試験片の寸法

単位：mm

呼び板厚　t	板幅　W	重ね代　L	試験片の長さ　A	クランプ間距離　B
0.5 以上～1.5 以下	45	35	105	95
1.5 超え～3.0 以下	60	45	138	105
3.0 超え～5.0 以下	90	60	160	120
5.0 超え～7.5 以下	120	80	190	140
7.5 超え～10.0 以下	150	100	210	160

　母材の引張強さ×板厚の積の値が小さな方の板厚に対応する規定値を採用する。3枚重ね以上の板組みの場合は，最も荷重がかかる部材間に対して試験を行う。試験方法の詳細は JIS Z 3136 を参照されたい[2-12]。

　なお，通常板幅試験片を用いて試験を行った結果と飽和板幅試験片を用いて試験した結果を相互に換算する手順[2-17]に関しては，第1章に示したコラム6を参照されたい。関連情報は ISO 14273: 2016 の附録として書かれている説明を読まれるとよい[2-18]。

2.3.2.2　十字引張試験

　十字引張試験も実験室的には古くから採用されてきた方法である。しかし，軟鋼板を主に用いて自動車の車体を製作していた時代は，上記 2.3.2.1 項で説明した引張せん断力に基づいて車体が設計されていたため，実際にはあまり注目されていなかった。注目され始めたのは，680 MPa（70キロ級）程度以上の高強度鋼板のスポット溶接部で，十字引張強さが低下するという問題が認識されてからである[2-19]。

　最近では，980 MPa や 1,480 MPa という超高強度鋼が採用されるようになったため，この十字引張強さに対する試験を避けて通れなくなってきた。それで，上述した認識の変更があって，2017年に改正されたスポット溶接部の要求品質判定基準規格では十字引張強さに対する要求値が追加された[2-1]。

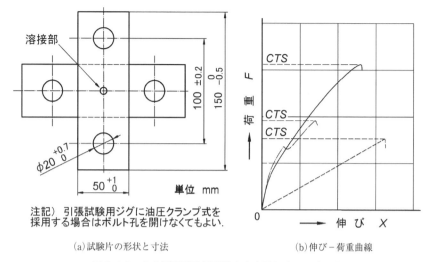

(a)試験片の形状と寸法　　　　　　　(b)伸び-荷重曲線

図2.12　十字引張試験片形状と十字引張強さの決め方

　十字引張試験に採用する試験片は，**図2.12**（a）に示すように，板厚によらず同じ寸法のものを採用することになっている。これは引張試験に使用するジグの制約から来ている。適用する板厚の範囲は，JIS Z 3137 では板厚 0.5 ～ 5 mm，ISO 14372 では板厚 0.5 ～ 3 mm と規定されている。

　試験結果としては，図2.12（b）に示すような伸び-荷重曲線が得られる。十字引張強さ，CTS 値は得られた荷重のピーク値から求める。引張せん断試験の場合と異なって，引張試験機のクランプ間距離の増加途中に十字引張試験での荷重が低下する現象が認められることがあるので注意が必要である。

　なお，十字引張強さの略号として用いられる "CTS" は Cross-Tension Strength の頭文字を取ったものである。

　十字引張試験は，引張せん断試験と異なって同じ板厚の板を 2 枚重ねた試験片を用いる方法だけを対象としている。基本的には，異なる板厚の板を重ねた試験は想定していない。

　試験方法としては，旧来から用いられている試験片の 4 ヵ所にボルトを取り付けて引張試験する**図2.13**（a）の場合と，2016 年に改正された ISO 14272 で追加された，ボルト締めの代わりに油圧クランプで試験片を固定する方法[2-20]とがある。

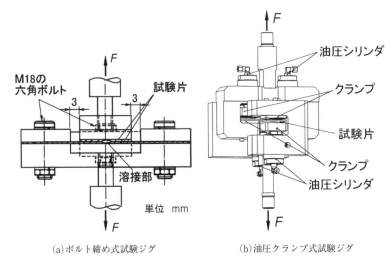

（a)ボルト締め式試験ジグ　　　　　　　（b)油圧クランプ式試験ジグ

図2.13　十字引張試験用引張試験ジグの例と試験方法

　日本の現行 JIS Z 3137 では前者のボルト締めの方法しか規定していない。しかし，現在改訂作業中の改定案では油圧クランプを用いる方法も追加される予定になっている。

　国際規格で油圧クランプを用いる方法が追加されたのは，十字引張試験を大量に，しかも安価に実施するためである。油圧クランプがついた引張試験ジグを採用することによって，図2.12（a）に示した4ヵ所のボルト孔が省略できるだけでなく，引張試験片の引張ジグへの取り付け時間の短縮も図れ，ボルト締め付け力の管理に注意を払わなくても済むことになる。

　旧来のボルト締めを採用した場合，JIS Z 3136 では M12 ～ M18 の間の六角ボルトを用いて試験片をジグに取り付けるように書かれていた。しかも，"M18 ボルトの採用が望ましい"[2-13] としか書かれていない。また，ジグの一部である押え金の寸法も規定されていない。ただし，十字引張試験結果のばらつきを減らすためには，この押さえ金の寸法を規定するとともに，試験中の試験片の滑りを抑えるために，使用するボルト径は M18 に揃えることが望ましい。この関係で，図2.13（a）に示したボルト締めの説明図は JIS Z 3137 ではなく，ISO 14272 のものをここでは採用した。

　また，十字引張試験では，溶接点の打点位置精度も試験結果に影響する。試

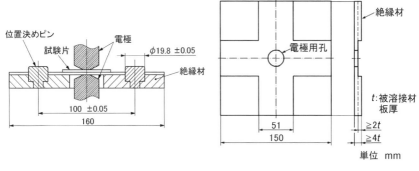

(a)ボルト締め用　　　　　　　(b)油圧クランプジグ用

図2.14　十字引張試験片作成ジグの例

験片の作成に際しては，試験結果のばらつきを抑えるために，**図2.14**に示すようなジグを利用されることを推奨する。

2.3.2.3　機械式ピール試験

我が国ではL字引張試験とも呼ばれる機械式ピール試験は，現場試験の一種である人力によるピール試験のピール力付与に引張試験機を用いる方法としてISOで規格化されたためこの名前がつけられた。**図2.15**（a）に示すような，自動車の車体構造でよく採用されてるフランジ部をモデル化したL字形

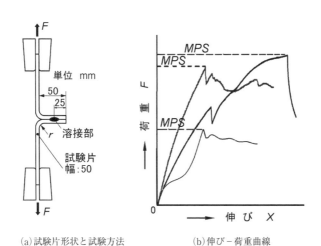

(a)試験片形状と試験方法　　　　(b)伸び－荷重曲線

図2.15　機械式ピール試験の試験片と試験方法

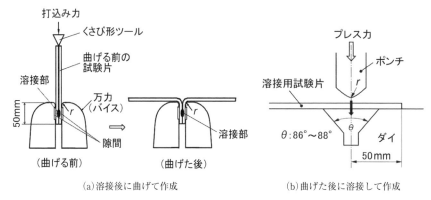

図2.16　機械式ピール試験用試験片の作成手順

試験片を2枚突き合わせて溶接し，この試験片を引張試験機で引張試験して，同図（b）に示すような伸び―荷重線図を求め，この線図からピール強さを求める方法である。この試験でも，十字引張試験時に認められたのと類似な，試験途中での荷重の低下が認められることがある。

　ISO 14270に従った機械式ピール試験用の試験片作成に際しては，同じくピール強さを測定する十字引張試験との関連性を考慮して，図2.12（a）に示した十字引張試験用に採用されたのと同じ寸法の短冊状試験片（クーポン）を用いることになっている[2-21]。

　試験結果は，図2.15（b）に示す溶接部が破断する直前のピーク値から求める。この機械式ピール強さは，単にピール強さと呼ばれることが多い。略号はMPSと標記する。この略号はMechanized Peel Strengthの頭文字を取ったものである。

　被溶接材の素材が柔らかくて，しかも比較的板厚が薄い場合は，**図2.16**（a）に示すように，溶接後，溶接部を万力等に挟んでたがね等の先が尖った工具を利用して口を開き，平たがね等を用いて人力でL字形に曲げることによって引張試験片を準備することができる[2-21]。

　しかし，最近使用が増えてきている高強度材に対しては，薄板でも，人力では試験片の板を曲げられなくなってきている。場合によってはこの人力による曲げ作業で作業者が怪我をする可能性さえ出てきた。

　この問題点に対処するため，2016年に改正されたISO 14270では，図2.16

(b) に示す方法で溶接用の短冊状試験片を曲げた後にスポット溶接して機械式ピール試験片を作る手順が追加された[2-21]。この追加された方法では，ベンチプレス機などを利用して短冊状試験片をL字形に曲げた後にスポット溶接する。高強度材に対しては，後者の試験片を曲げた後に溶接する手順の採用が作業の安全性確保の観点から推奨される。

2.3.3　繰返し荷重による影響を調べる試験—疲労試験

2.3.3.1　疲労試験に用いる荷重と試験結果の表示方法

　実際の構造物に加わる繰返し荷重は時間的に規則性を持たないランダムな形で負荷されるが，これでは実験できない。そこで，通常は**図2.17**に示すように，試験部への負荷が一定振幅で，正弦波状に変化する形の荷重を与えて試験する[2-15]。幾つかのレベルの振幅をもつ荷重波形を採用して，破断または破断を開始したと判断されるまでの荷重の繰返し数 N を調べるのが疲労試験である。試験結果は，**図2.18**に示すような L–N 線図の形にまとめる。

　荷重波形は，図2.17中に示す繰返し荷重の1サイクル中の最大値（F_{max}），最小値（F_{min}），平均値（F_m）および最小値と最大値の荷重比（R）を用いて特徴付けられる。荷重振幅の代わりに荷重の全変動幅である荷重範囲 ΔF（$= F_{max} - F_{min}$）を用いる場合も多い。JIS Z 3138 では縦軸の値に荷重範囲を採用しており，荷重の値が正の場合は引張荷重が負荷されていることを，負の値は圧縮荷重が負荷されていることを意味している。そして，図2.17（a）および

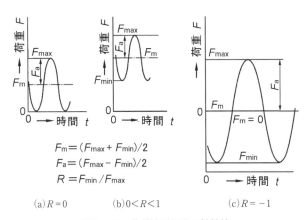

$$F_m = (F_{max} + F_{min})/2$$
$$F_a = (F_{max} - F_{min})/2$$
$$R = F_{min}/F_{max}$$

（a）$R = 0$　　　　　（b）$0 < R < 1$　　　　　（c）$R = -1$

図2.17　荷重波形とその特性値

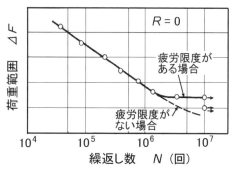

図2.18　L-N線図(説明図)

(b) のような最小最大荷重比 R の値が正の場合は片振り，同図 (c) のような $R<0$ の場合は両振りという。

　スポット溶接部に対する疲労試験での最小最大荷重比 R の値は，通常 0.1 以下の値（片振りで引張荷重のみ）に設定する。

　図 2.18 に，$R=0$ とした測定結果の典型例を示す．縦軸は通常目盛りの荷重範囲で表し，横軸の荷重繰返し回数は対数目盛で表す。JIS Z 3138 では，最大 10^7 回までが，荷重繰返し回数の設定範囲とされている。負荷する荷重の大きさは，一般に，前項で述べた静的な試験よりは小さい。荷重の種類としては，

■コラム11■　スポット溶接部の疲労試験では何故 L-N 線図というのか

　試験方法に関する教科書の疲労試験に関する項目をみると，S-N 線図や S-N 曲線という言葉は出てきても。L-N 線図や L-N 曲線は出てこない。アーク溶接部の疲労強さに関する記述をみても，やはり S-N 線図と書かれている。これは，アーク溶接部の強さや材料の強さは断面積当たりの荷重である応力 (Stress) と繰り返し数 (Number) の関係として整理できるためである。

　これに対して，スポット溶接では，1 溶接点当りの強さで表すことはできても，断面積当りの強さである応力表示はできない。このため，荷重 (Load) と繰返し数 (Number) の関係で表現せざるを得ない。この荷重－繰返し数線図の意味で，各英単語の略語 L と N を用いて，スポット溶接のような点接合部の疲労特性は L-N 線図と呼ばれる。最近は荷重の記号に "F" を用いる関係で F-N 線図と表現することもある。

試験片に引張と圧縮を与える軸荷重，平面曲げや回転曲げなどを行う曲げ荷重，試験片にねじりを与えるねじり荷重とがある。

鋼材などを試験材に用いた疲労試験結果では，図2.18中の実線に示すような折れ点を持ったL–N線図が得られることが多い。これを，疲労限度（疲れ限度や耐久限度ともいう）をもつという。この疲労限度以下の荷重では無限回の繰返し荷重を受けても疲労破壊は起きないと考えられている。

この状態を表示する場合は，図2.18中に示すように，実験点の右側に右向きの矢印を付ける。

一方，アルミニウム合金などの非鉄金属ではこの疲労限度が認められない[2-22]。高温や腐食環境下でもこの疲労限度が認められないといわれている。材料や，試験環境によってはL–N線図の形が変化することに注意されたい。

疲労試験の繰返し数が限界に達したかどうかの判断は，JIS Z 3138では，試験片の両表面の何れかの面の溶接部またはその近傍に圧痕と同程度の長さの亀裂が生じた場合，または表面には亀裂が現れずに試験片が破断したかで行なうとされている[2-14]。

ただし，この判断手順では疲労試験作業の自動化は難しい。2009年に発行されたISO 18595では，疲労試験中の各荷重サイクルごとに，荷重範囲ΔFと試験片を摑む両クランプ間の間隔の変化を変位範囲ΔXのとして求め，両パラメータから計算される比率（$c = \Delta F / \Delta X$）を剛性（Stiffness）と名付けて，この値を随時計測し，この剛性cの値が初期値から予め決めた比率だけ低下したときを試験の終了回数とする方法を推奨している[2-15]。

2.3.3.2 単点溶接試験片を用いる疲労試験

単点のスポット溶接部をもつ溶接試験片の疲労試験は，表2.2で示したようにISO 14324およびその翻訳規格であるJIS Z 3138として規定されている。試験片としては，引張せん断試験用と十字引張試験用とがある。

引張試験片の形状は静的試験の場合と同じであるが，寸法は**表2.9**に示すように，静的試験用の引張せん断試験片の寸法とは少し異なる。

異なる板厚や材質の板を用いる場合は，板厚×母材の引張強さの値の小さな方の板厚に準拠することは，静的な引張せん断試験の場合と変わらない。

十字引張試験片の形状も静的試験の場合と基本的には変わらない。ただし，ジグへの取付け部での疲労試験にならないようにするため，**図2.19**（a）に

表2.9　疲労試験用引張試せん断験片の寸法

単位：mm

板厚　t	板幅　W	重ね代　L	クランプ間距離　B
0.5 以上　1.6 以下	40	40	160 以上
1.6 を超え　3.2 以下	50	50	200 以上
3.2 を超え　6.0 以下	60	60	240 以上

備考　つかみ代は板幅以上にすることが望ましい

　示すように，締付けボルトの数が増えている。同図（b）に示すように，試験ジグも対応した形状に変更されている。疲労試験用の試験片では異なる板厚の組合せが採用できる。異なる板厚や材質の板を用いる場合の試験片寸法は，引張せん断試験片の場合と同様に，板厚×母材の引張強さの値の小さな方の板厚に準拠する。

　試験荷重としては，軸方向荷重を用い，最大最小荷重比 R は 0.1 以下の範囲で，3 〜 60 Hz の間の振動数になるように設定して試験を行う。単点溶接部の疲労試験の試験方法についての詳細は JIS Z 3138 を参照されたい[2-14]。

　引張せん断試験片に圧縮荷重が負荷される状態で疲労試験すると，**図2.20**（a）に示すように，溶接部が最大振幅部位置となる。疲労試験の状態としては好ましくない。このような荷重設定の場合は，同図（b）に示すような滑りやすいピン形のツールで溶接部の動きを抑えるなどの工夫[2-23]をして試験を行なうことが望ましい。

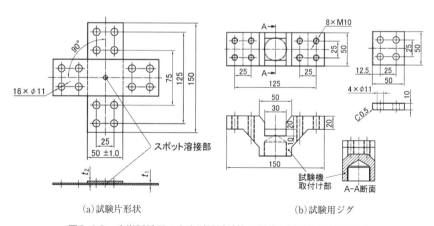

(a)試験片形状　　　　　　(b)試験用ジグ

図2.19　疲労試験用の十字引張試験片の形状と試験片取付けジグ

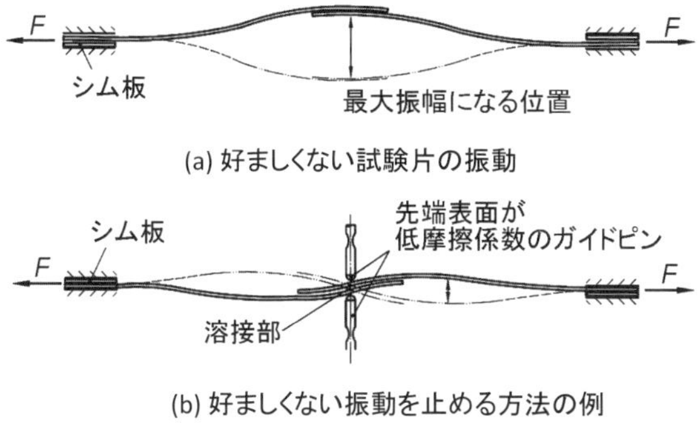

図2. 20　引張せん断試験片を用いて疲労試験するとき留意点

2.3.3.3　多点溶接試験片を用いる疲労試験

多点のスポット溶接部をもつ溶接試験片の疲労試験は，表 2.6 で説明したように，ISO 18592 に従って試験する。この ISO 規格では，**図2. 21** に示すせん断力による試験を想定した平形多点せん断試験片や H 形せん断試験片，**図2. 22** に示すピール力による試験を想定した多点ピール試験片や H 形ピール試験片，**図2. 24** に示す 3 点曲げや 4 点曲げ荷重を想定したハット形試験片，および荷重の方向を変えることによってせん断荷重条件やピール荷重条件だけでなく，**図2. 25** に示す両者の荷重が複合した形でも試験ができる KS-2 試験片やダブルディスク試験試験片の形状と板厚別の寸法が規定されている。

また，H 形試験片を用いた疲労試験を行うために，**図2. 23** に示した試験

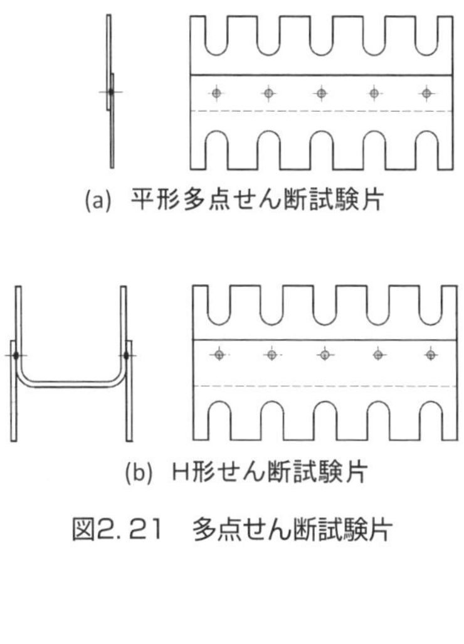

図2. 21　多点せん断試験片

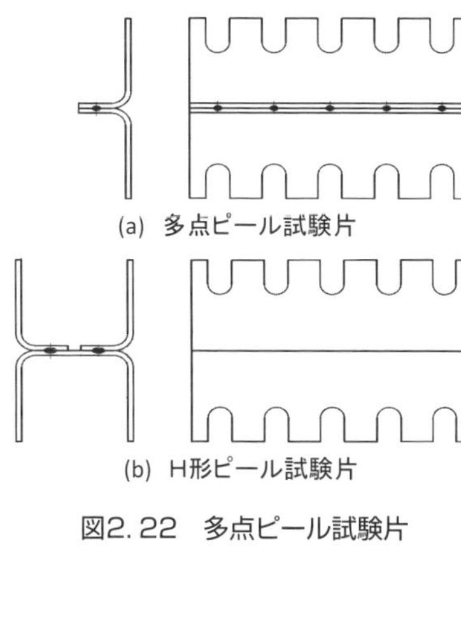

図2. 22　多点ピール試験片

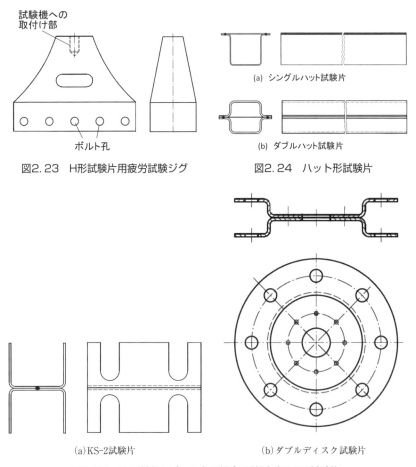

図2.23　H形試験片用疲労試験ジグ

図2.24　ハット形試験片

(a)　シングルハット試験片

(b)　ダブルハット試験片

(a)KS-2試験片

(b)ダブルディスク試験片

図2.25　せん断力とピール力の組合せ計測ができる試験片

ジグも附録として紹介されている[2-15]。

　この規格では多点溶接部のピール力とせん断力，および曲げ荷重を負荷とする疲労試験方法が規定されている。しかし，この国際規格に含まれるH形試験片やハット形試験片は，ピール力やせん断力以外に，ねじり荷重や曲げ荷重が負荷される場合にも適用できる。

2.3.4　衝突による影響を確かめる試験─衝撃試験

　衝撃試験はISO 14323を参考にして行えばよい。衝撃試験に採用する試験

片の形状と寸法は表 2.7 や図 2.12（a）に示した静的試験に使用するものと変わらない。ただし，この ISO 14323 では，適用できる板厚の上限を 4 mm に制限している。

衝撃試験機としては，**図2.26**（a）に示すシャルピー衝撃試験機および，**図2.27**（a）に示す落重式衝撃試験機を利用する[2-16]方法が規定されている。近年は，電気油圧サーボ式の高速引張試験機の利用する方法[2-24]も採用されるようになってきているが，この新しい方式である電気油圧サーボ式はこの ISO 規格にはまだ含まれていない。

シャルピー衝撃試験機では，質量のある振り子形ハンマで試験片を破壊した後にこの振り子が振り上がる高さと振り下げる前の振り子の高さとの差から，試験片の破壊に要した吸収エネルギー（破壊エネルギー）を求めるのが本来の姿である。しかし，スポット溶接用の ISO 規格では，スポット溶接部の破壊エネルギーを振り子に貼り付けた荷重センサで計測した力の時間積分値から求める方法を採用している。適用板厚は軟鋼板で 0.5 ～ 3 mm に制限している。

通常の衝撃試験片のような V 形ノッチ（切欠き）は付けない。接合界面がノッチの代わりとなる。引張せん断試験片を図 2.26（b）に示したような形のジグに取り付け，一方を試験機に固定して試験する[2-16]。

落重式衝撃試験機では，質量の大きな重り（落錘という）を数 m ～十数 m の高さから落下させ，この衝突力で試験片を破壊したときに計測された力を時間積分または変位で積分し，重錘の運動エネルギー分を補正して吸収エネルギ

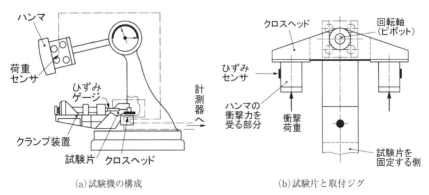

(a)試験機の構成　　　(b)試験片と取付ジグ

図2.26　シャルピー衝撃試験機を用いる方法と試験片取付ジグ

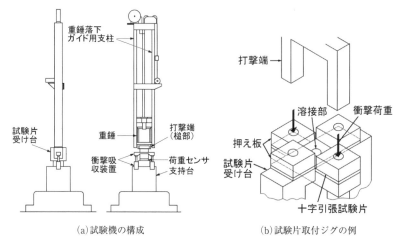

(a)試験機の構成　　　　　　　　(b)試験片取付ジグの例

図2.27　落重式衝撃試験機を用いる方法と試験片取付ジグ

ーを求める[2-16]。（詳細は ISO 14323 の付属書を参照）

　この落重式を用いた場合の適用板厚は 1 ～ 4 mm とされている。衝撃試験に用いる試験片は，図 2.27（b）に例示するように，専用ジグに取付けて試験する。図は十字引張試験片を用いて試験する場合で示してある。ジグを交換すると引張せん断試験片を用いた試験に適用することができる。

2.4　溶接部の外観と断面の試験方法

2.4.1　溶接部の表面と断面の試験からわかること

　表2.10 に，溶接部の表面と断面から観察できる観測項目とその試験方法を整理して示す。溶接部表面の外観試験は，通常，溶接部の表面を目で見て状況を判断する目視で行うため目視試験とも呼ばれる。外観試験の一部とスポット溶接部の断面で行える試験については，JIS Z 3139 として規格化されている[2-9]。断面から圧痕を測定するくぼみ試験，ナゲット径や熱影響部の大きさ（HAZ 径，はず径と読む），ナゲットの溶込み率，溶接部の金属組織等を観察する断面試験，および断面硬さ試験とに分けて規定されている。

2.4.2　溶接部表面の試験―外観試験

　外観試験に関しては JIS Z 3140 の 7.1 項において，"外観試験は，溶接部表

表2.10　溶接部の外観試験と断面試験で調査できる項目

観察する位置	試験方法	観測手法	観測または計測する項目
溶接部の表面	外観試験	目　視	表面割れの有無と位置および形，ピットの有無と位置および個数，溶接部変色域の有無と程度，打点位置のずれ，板の合い，表面状況など
		寸法計測器を使用	圧痕深さ，圧痕径，表面割れの長さ，変色域の広さ
溶接部の断面	くぼみ試験	目　視	くぼみ（インデンテーション）の形
		寸法測定器を使用	くぼみ（圧痕深さ），（電極）圧痕径
	断面試験	目視または写真やスケッチ	ナゲット形状，熱影響部形状，くぼみの形状，溶接部の金属組織，ブローホールと割れの有無および位置ならびに形
		寸法計測器を使用	ナゲット径，ナゲット厚さ，HAZ径，HAZ厚さ，溶込み率，シートセパレーション，割れの長さと位置，ブローホール等
	断面硬さ試験	硬さ試験機	溶接部の硬さ分布

注記　"HAZ"は"はず"と読み，溶接熱影響部のこと。

面の割れおよびピットの有無について目視で調べる。必要に応じて，3〜5倍程度の低倍率のルーペなどの補助器具を利用しても良い。"と規定されている[2-1]。割れとピット以外の項目の確認が必要となった場合は，当事者間で協議されて試験項目と試験方法を決めるとよい。

　スポット溶接で溶接条件の設定を誤ると，**図2.28**（a）に示すように，溶接部の断面に過大なくぼみ（圧痕）が発生する。くぼみの程度をスポット溶接部の表面から測る場合は，後述図2.30に示すような測定器具を利用する。

　図2.28（b）に示すような溶接部表面および周辺の変色状況は，慣れれば，ナゲットの形成具合を間接的に判断する指標として活用することができる。ただし，品質要求条件で，変色無しと指定された場合は，溶接部を水等で覆いながら溶接するか，溶接後に脱色処理をする必要が出てくる。

　図2.28（c）および（d）に示すような，表面散りによるバリや爆飛現象も溶接部表面から確認できる。

2.4.3　溶接部断面の試験

（1）試験の準備作業

　溶接部の断面を用いた試験を行うためには，試験片から観察すべき断面を切り出す必要がある。まず，溶接部のナゲット径が最大になると想定される部分

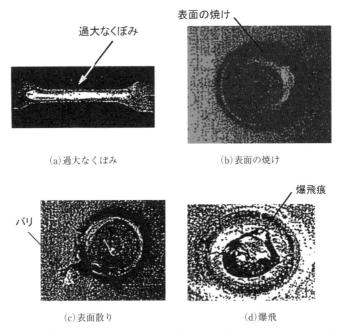

(a)過大なくぼみ　　　　　　　　(b)表面の焼け

(c)表面散り　　　　　　　　　　(d)爆飛

図2.28　割れおよびピット以外で溶接部表面から観察できる特徴的形態[2-25]

がマイクロカッタの刃の片側面に位置するように溶接試験片を固定し，冷却の
ための水を切断部にかけながらこの溶接試験片を切断する。切断した面に加工
熱の影響が残るような切断方法を採用してはいけない。その後，切り出した断
面を下になるように埋め込み樹脂で固め，研磨しやすい試験片に加工する。そ
して，水をかけながらこの樹脂に埋め込んだ切断面を数種類の粗さのエメリー
ペーパ等で，粗い方から細かな方へと順に研磨を繰り返し，適当な腐食液で研
磨面を腐食（エッチングともいう）した後に，JIS Z 3139で規定されているく
ぼみ試験，断面試験および硬さ試験に供する。

　このエッチングした溶接部の断面で割れや寸法の小さなブローホールと思わ
れる部分が検出された場合は，組織変化の影響を誤って割れやブローホールと
認識してしまっている可能性が残っているため，報告書を作成するためには，
この誤判断の可能性を取り除く必要がある。この目的で，エッチングした溶接
部断面を再度エメリーペーパ等で軽く研磨し，腐食された層を薄く削り取り，
エッチングしていない状態で観察しても，溶接部の断面部に割れやブローホー

表2.11　断面試験のための腐食液の選び方

主な用途	腐食液の名称	腐食液の組成	特　徴
炭素鋼一般	ナイタール	数%濃度の硝酸＋水またはアルコール	ミクロ組織の観察にはアルコールに混ぜる。ナゲット形状などのマクロ組織を見たい場合は水に混ぜる。
	ピクラール	過飽和ピクリン酸水溶液中性洗剤を少し混ぜる。	ナイタールよりはナゲットの形状をきれいに観察できる。温度を上げると，マクロ組織をより見やすくできることがある。
ステンレス鋼	王　水	塩酸3：硝酸1	危険性の塩素ガスや硝酸ガスを発生するので，局所排気の付いたドラフトチャンバ内で手袋を介して作業を行う必要がある。
Al および Al 合金	カセイソーダ	1% カセイソーダ水	次の2つの腐食液よりは危険性が少ない。
	塩酸－硝酸－フッ酸水	塩酸：1.5%＋硝酸：2.5%＋フッ酸：0.5%＋水	大部分の組織に適用できる。
	硝酸水	0.5% 硝酸＋水	表面層を除去し，小さな組織を見れる。

ルが認められるかどうかを再確認する作業を行う必要がある[2-1]。

　なお，エッチング液は被溶接材料の種類や観測したい組織の種類によって使い分ける。**表2.11** に代表的な腐食液[2-26] を示しておく。

(2) くぼみ試験

　くぼみ試験は，原則としては，スポット溶接部断面のマクロ写真または断面の拡大投影図を利用して行う，ビデオカメラとディスプレイを組合せた観測装置等を利用してもよい。

　図2.29 に示すように，くぼみ部が沈みかける肩の部分を両端とし，その肩の部分の間の距離で圧痕径をまず決める。JIS Z 3139 では，この求めた圧痕径（d_{e1} と d_{e2}）の2倍の間隔の位置間で引いた直線から垂直方向に測ったくぼみ部の最大深さからくぼみ（インデンテーション，または圧痕深さ）を決める[2-9] ことにしている。

　溶接部の表面から圧痕深さ（くぼみ）を測定する場合には，**図2.30** に示すようなくぼみ深さ測定に適したダイヤルゲージ式の寸法測定器を利用する。表面から測定する場合には，測定された最も深い位置の値を記録する。

(3) 断面試験

　断面試験も，金属組織の詳細観察を除いては，スポット溶接部の断面マクロ写真や断面の拡大投影図またはビデオカメラ観察等を利用して行う。金属組織

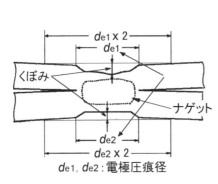

d_{e1}, d_{e2}：電極圧痕径

図2.29　断面でのくぼみの測定

図2.30　溶接部表面での
くぼみの測定

は倒立形顕微鏡（対物レンズが試料台の下にあり，試料を下側から観察できる顕微鏡）などで観察する。

　ナゲット断面を観察したときに認められる種々の特徴的形態をまとめて**図2.31** に示す。ナゲットと熱影響部，くぼみ（圧痕）およびシートセパレーションならびに厚板溶接部で発生しているひけ巣（**図2.32**（a））に起因するブローホールの出現は避けられないことが多い。また，CF電極やドーム電極などを採用していて，電極加圧力の設定を高くしすぎると，図2.32（b）に示すような，過大なシートセパレーションが発生し，これにともなって板の表面が浮き上がる。これらの現象は，採用する電極先端の形状および電極加圧力の設定の仕方の変更で改善できる。

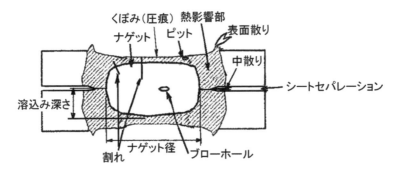

図2.31　スポット溶接部の特徴的形態

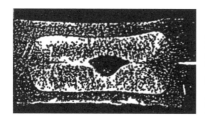 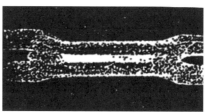

(a)ブローホール・引け巣　　　　　(b)過大な板の浮き上がり

図2.32　ブローホールと過大なシートセパレーションの例[2-25]

　ナゲット径d_nとナゲットの溶込み深さp_nは，**図2.33**にも示すように，接合界面を基準にして測定する。熱影響部の径は接合界面で，熱影響部の深さは接合界面を基準として測定する。

　軟鋼と高強度鋼というように異材の接合を行う場合は，上板側と下板側の熱影響部径の値が異なることが多い。この場合は分けて測定する必要がある。

　断面試験でのコロナボンド径d_cは，前述図2.3中に示したように，溶接ナゲットの外側でシートセパレーションが起こっていない範囲として決める。

　シートセパレーションの程度は前述図2.3に示したように，コロナボンド径の端からナゲット径d_nの半分だけ離れた位置のすき間を計測して求める。

　ナゲットの溶込み率の算出は，図2.3または図2.33に示す上板と下板の溶込み深さp_iを測定し，この溶込み深さの値を板厚t_iで除して求め，結果は％表示とする[2-8]。ただし，スポット溶接部の要求品質規格であるJIS Z 3140ではナゲットが表面まで溶けないことを要求しているので，採用する板厚の値としては，被溶接材の板厚t_iではなく，図2.33に示すくぼみによって減厚した実際の板厚t_{wi}を採用するのが望ましい[2-9]。

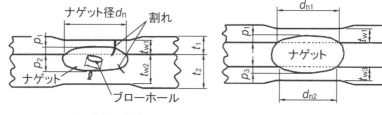

(a)2枚重ねの場合　　　　　　(b)3枚重ねの場合

図2.33　溶込み率の算出と計算に用いる2種類の板厚

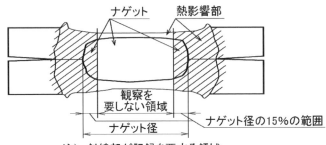

注) 斜線部が記録を要する領域

図2.34 断面試験で割れおよびブローホールを観測する領域(ハッチ域のみ)

溶接部に発生している割れやブローホールも，スポット溶接部の断面マクロ写真または断面の拡大投影図などを利用して観測する。発生している位置とその数，および複数個ある場合は各々の割れとブローホールの長さを測定して記録する。長さは，図2.33（a）に示すように，長径（最大長さ）ℓ を測定する。

ただし，割れやブローホールに関しては，**図2.34** 中に示すのハッチ部に存在するものだけを記録するように JIS Z 3140 では規定している。

(4) 硬さ試験

溶接部の硬さ試験は，ビッカース硬さ試験機を用いて行う。試験機には JIS B 7725 に適合したものを採用する[2-9]。試験は，ビッカース硬さの試験方法を規定した JIS Z 2244 に従う。ISO 14271 では試験荷重（試験力）は最大で 9.8 N までとし，9.8 N（質量で 1 kg）または 1.96 N（200 g）および 0.96 N（100 g）を採用することを推奨している[2-27]。

測定は，隣接する圧痕の影響を受けない間隔（圧子によって形成された圧痕径の 3 倍以上離す）で行い，**図2.35** に示す測定線に沿って測定を行う。日本では，同図（a）に示す板表面に平行な 2 本の測定線とナゲット中央部で板表面に直角となる 1 本の測定線で硬さを測る方法が一般に採用されている。米国では，（b）図に示す 1 本の測定線で測定する方法が主に採用されている。

溶接部断面の硬さ分布は，ナゲット部だけでなく熱影響部部を越えて，溶接による熱影響を受けていない母材部分までを測定する。試験荷重と硬さの測定位置および硬さの測定値を記録する。通常は，硬さ分布として図の形で表現されることが多い。

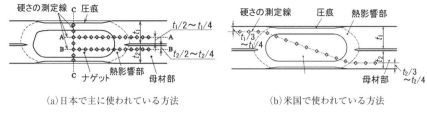

(a)日本で主に使われている方法　　　　　　(b)米国で使われている方法

図2.35　スポット溶接部断面の硬さ試験

　なお，硬さの測定線上にブローホールやひけ巣，キャビティなどがある場合は，その部分を避けて測定する。

2.5　設備工程能力の評価試験
―溶接品質のロバスト性確保のための試験―

2.5.1　スポット溶接設備の工程能力評価のための試験と関連項目

　スポット溶接機を用いて，スポット溶接部を無人で自動的に溶接するためには，2.1節で説明したように，自動溶接機が適正な設備工程能力をもち，製品品質のばらつきを規定値以内に抑える能力を持つことが要求される。このためには，2.1節の表2.2に示した管理項目を事前に検討・確認しておくことが望ましい。

　特に，スポット溶接部の品質ばらつきを抑えるためには，表2.2の最初に記

コラム12　溶接欠陥と溶接部の特徴的形態の違いは

　品質マネージメントシステムの基本および用語編である JIS Q 9000: 2006 では，"欠陥"を"意図された用途または規定された用途に関連する，要求事項を満たしていないこと"と定義している。"欠陥"と呼んだ場合は法的な責任をともなう。

　抵抗溶接用語規格の JIS Z 3001-6 では，"特徴的形態"を"不完全部や欠陥ではないが，溶接に認められる形態や状態"と定義している。欠陥とはいえないが，溶接結果としてみたときに注目すべき形態や状態になっていた部分を指す。

載した"ウェルドローブ試験"と"連続打点試験（電極寿命試験）"が重要となる。実用に供することができる溶接施工要領書を完成させるためには，上記2つの試験方法に加えて，溶接機の安定性や，溶接ガンを保持して移動し，要求された位置で正しく溶接を行うためのロボットの位置精度や，溶接ガンで駆動する溶接電極の位置と精度，さらに，被溶接材であるプレス部品等の寸法精度や重ね合わせたときの板の合いの精度など，溶接結果に影響する項目を事前に全てを吟味し，対処策を明確にしておく必要がある。

　表2.2に示した管理項目と対応させて，観測すべき対象と主な対応手段を追加して**表2.12**に示す。

　ウェルドローブ試験や電極寿命試験には，溶接作業で簡便に利用できるピール試験などの現場試験（第3章で説明）を利用し，断面試験で求めるナゲット径の代わりにこの現場試験で求める破断部の溶接径と破断形態（ISO規格では"破断モード"という）を観測しながら，試験作業を進める。

表2.12　設備工程能力に影響する項目とその観測項目及び主な対応手段

管理項目	観測すべき対象	主な対応手段
ウェルドローブ／溶接可能電流域	溶接径と溶接部の破断形態	ピール試験などの現場試験
連続打点性能（電極寿命）	溶接径と溶接部の破断形態	ピール試験などの現場試験
	電極先端径	カーボンプリント法／感圧紙の利用
電極先端形状の妥当性	溶接後のくぼみ（圧痕）	目視またはくぼみ深さ計測
電極の冷却性能	水冷管ギャップ	目視またはツールの利用
	冷却水温度	温度計の設置と冷却水回路の分離
	冷却水量	個別流量計の設置
溶接電流の安定性	電源電圧の変動	同時通電の回避（インターロック）
	電源電圧および負荷変動補償回路	溶接制御装置の仕様と性能確認
	溶接電流の計測	抵抗溶接電流計の使用
電極加圧力の安定性	設定加圧力と実加圧力の誤差	抵抗溶接加圧力計の使用
溶接ガン（溶接ヘッド）の剛性	最大加圧時のアームの変形	目視またはビデオ観察
電極先端の芯ずれ	電極加圧による両電極先端位置のずれ	目視またはビデオ観察
ロボットの停止位置精度	部材上での電極先端の接触位置	目視またはビデオ観察
ロボットの教示および設定精度	部材位置と上下両電極先端の相対位置	目視またはビデオ観察
プレス成形部品の成形精度	各部寸法ならびに重ねたときの板の合い	寸法計測
使用材料の板厚および材質	板厚および受入れ材のミルシート	出荷伝票と仕様書の確認
使用材料の表面状況	板の表面	外観の目視，必要なら接触抵抗計測

　溶接機の安定性に関係する項目の内，電極に関する事項は，溶接後のくぼみ観察や電極の水冷管ギャップ管理，冷却水の温度や流量の管理で対応する。溶接電流に関しては，電源の種類（直流か交流か，インバータ電源を採用しているかどうかなど）と溶接制御装置の機能に依存するところが大きい。電極加圧系に関しては，ガンのたわみやこれに起因する電極先端の芯ずれ，使用するロボットの位置精度の影響を見極めることが必要となる。

　被溶接材に関しては，プレス成形精度の管理に最も注力すべきである。めっき鋼板やアルミニウムおよびアルミニウム合金を溶接する場合には，採用した素材の物性を確認するだけでなく，表面性状の管理が不可欠となる。

　以下では，表2.2に示した項目の内，スポット溶接関係者が最も知っておくべき内容として，ウェルドローブ試験と連続打点性試験，およびすき間付き部材を用いた場合の試験方法を説明する。

2.5.2　ウェルドローブ試験

(1) 作成の目的と作成手順

　自動車産業のようなユーザーでは，ウェルドローブを設備工程能力を調べるための手段として利用している。しかし本来は，スポット溶接部の溶接性[2-28]を調べる試験方法の1つである。溶接性の評価方法を規定した ISO 18278-1 では，

　a) 母材の種類や表面状況が異なる金属の溶接性を，冶金的な観点から比較する，

　b) 溶接される部材の形状や構造，寸法，重ね方などの影響を評価する，

　c) プログラム制御を含む溶接パラメータ（溶接電流，電極加圧力，溶接時間）の影響を調査する，

　d) 各種抵抗溶接機の性能を比較する，

という内容が書かれている[2-28]。また，既に廃止された ISO 規格ではあるが，ウェルドローブの作り方を規定した ISO 14327 では，さらに，

　e) 溶接結果に対する電極材料や電極の形状，寸法などの影響を調査する，

　f) 特定の溶接機と溶接材料，電極を組合せた場合の溶接可能電流範囲を求める，

　g) 生産現場で利用可能な溶接電流範囲を求める，

と要約できる内容が書かれている[2-29]。

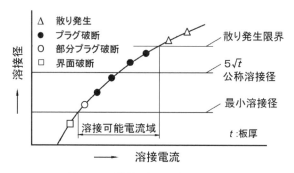

図2.36　溶接可能電流域の求め方

　ISO 18278-1 によると，ウェルドローブは，電極加圧力，または溶接時間を
幾つか（できれば4つ以上）の水準で，それぞれの設定に対応する溶接可能電
流域を求め，得られた全水準の曲線群の限界値を2次元または3次元の領域図
としてまとめたものと定義されている[2-28]。そして，溶接可能電流域は，溶接
電流値を段階的（例えば，200 A 程度ごととか300 A 程度ごと）に上げながら
（または下げながら）得られた溶接部を現場試験で破断し，求めた溶接径と破
断形態を基に，**図2.36**に示すような形に整理し，散り発生限界の溶接電流
値と当事者間の協定や溶接施工要領書で指定された最小溶接径が得られる溶接
電流値との間で決まる電流範囲として定義される[2-28, 2-29]。ただし一般的に
は，**図2.37**に示すように，溶接可能電流域をナゲット径や溶接強度の計測
結果を用いて作成する場合が多い。

　この溶接可能電流域を，幾つかの溶接時間または電極加圧力に対して求め，
溶接電流と電極加圧力，または溶接電流と溶接時間の形で2次元整理すると，
1.4.4 項に示したようなウェルドローブ図となる。

　なお，日本で昔から馴染んでいる "溶接可能電流域" と "ウェルドローブ"
という用語は，ISO 18278-1 では "溶接電流域 /WCR/welding current range"
および "溶接性ローブ /Weldability lobe" とそれぞれ呼んでいる。

(2) 作成上の留意点

　ウェルドローブおよびその基になる溶接可能電流域を求める実験を行う場合
には，次の項目の影響を受けるので，当事者間で事前に取り決めしておく必要
がある。

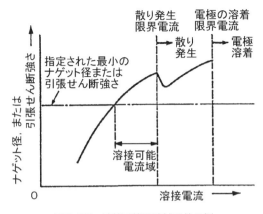

図2.37　溶接可能電流域の他の例

a) 冷却条件を含む溶接装置の電気的および機械的特性,

b) 溶接される材料の電気的, 機械的および物理的特性,

c) 採用する溶接機の構成と特性,

d) 溶接に使用する電極の材質と形状,

e) 溶接される試験片または部材の種類と形状

ISO 規格や JIS では, 溶接可能電流域の上限を散り発生限界電流, 下限を最小ナゲット (最小溶接径) が形成される電流値と決めている[2-28, 2-30]。しかし, 公称ナゲット径とも呼ばれる $5\sqrt{t}$ (t：板厚) ナゲット径に対応した溶接径が観測される電流値を上限とする, 表面の圧痕深さで上限を決めるなど, 必要に応じて当事者間の取り決めで上限の定義を変更してよい。

なお, ウェルドローブの上限として電極溶着限界を利用できるのは, 散り発生を許容した溶接条件決めをする場合だけである[2-30]。今は日本でも散り発生限界を上限とする場合が多い[2-30]。

試験に供する溶接電極は, 事前に予打点をした後に試験作業を供することが望ましいとされてきたが。試験する対象材料によってこの方針が変わる。

裸鋼板を対象とする場合には, 第 1 章の図 1.6 中に示した電極先端の突起 (へそ) が永く維持できるので, この突起を維持した状態で多数の水準の溶接可能電流域を求めることができる。この材料の場合には, 数十点〜 100 点程度の予打点を行って, 電極の先端形状に "へそ" が形成された状態でウェルドロ

ーブ試験を行う。ただし，この電極先端の突起形状は予打点条件の影響を受け
る。既存の溶接条件表を参考にして，予備実験を行うなどして散り発生限界電
流直下の溶接電流値を選択できるようにするのが望ましい。

　溶接にともなって発生する電極先端の消耗が激しい亜鉛めっき鋼板やアルミ
ニウムおよびアルミニウム合金のウェルドローブを作成する場合には，1つの
ウェルドローブ作成中に電極先端が急速に消耗し，先端形状が大きく変化する
現象が認められることが多い。このような材料に対する各溶接可能電流域を求
める場合は，ナゲットが形成していない低電流側から試験を開始し，散りが発
生した電流値より少し上の電流で試験を終わらせる。そして，次の溶接可能電

コラム 13　スポット溶接での散り発生の3形態

　スポット溶接に使用する溶接電流値は，基本的には要求品質から決めた径以
上のナゲットが得られ，しかも溶接部からの溶融金属の飛散がない電流域内に
決める。この領域を"溶接可能電流域"，溶接中の溶融金属の飛散する現象を"散
り"と呼ぶ。この電流域の上限を決める散りの発生形態は，**図B.1** に示す3種
類；中散りと表面散りおよび表散りに区分できる[2-31]。

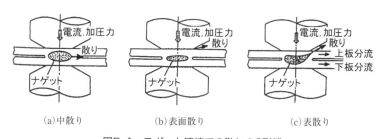

(a)中散り　　　　　　(b)表面散り　　　　　　(c)表散り

図B.1　スポット溶接での散りの3形態

　中散りは，ダイレクトスポット溶接で認めらるもので，接合界面からナゲッ
ト部の溶融金属が噴出して発生する。表散りは，上板分流のあるシリーズスポッ
ト溶接でよく見られる散り発生形態で，上板分流電流等に起因して電極の周辺
部が狭く溶融，ここを通ってナゲット内金属が上板の表面側に吹き出した散り
をいう。表面散りは，電極表面が汚れていたり，被溶接材の表面にあばた状の
酸化膜などがあって被溶接材と電極先端面との接触が悪くて通電初期に電極先
端部で発生する火花などをいう。

流域を求める前に電極を新品に取り替えるか，電橋先端をドレッシングして，次の電極加圧力または溶接時間の水準で実験を繰り返すという手順を採用する方が，得られたデータのばらつきを抑えられるし，再現性もよい。消耗したままの電極を使って次の水準の溶接可能電流域を求めると，本来の電流域とは異なった結果になる。ただし，1つの溶接可能電流域を求めている途中での電極の取り替えは避ける。

　なお，得られた各条件での溶接径と破断形態には多少の誤差が含まれることも避けられない。溶接電流と溶接径（ナゲット径）の関係を見るときは，各実験点の値自身に注目するのではなく，回帰式などで変化を示す曲線を求め，この変化傾向から各限界値を判断して，決めることが望ましい。

　また，交流溶接機を利用して薄板のウェルドローブを求める際は，溶接電流波形の通電角の影響を受ける[2-32]。ISO 14327 では，溶接変圧器の切替タップ位置を溶接電流の通電角が120°以上になるように設定することを推奨している。

2.5.3　連続打点試験／電極寿命試験

(1) 作成の目的と作成手順

　前述 1.4.4 項で説明したように，自動電極ドレッサが多数投入され，すべてのスポット溶接機が数十点ごとに自動的に電極ドレッシングできるようになっている工場では，それほど重要視されなくなってきたかも知れない。しかし，一般的には，溶接品質の安定性確保のために，今でもこの電極寿命データの採取は不可欠である。1組の新品電極で，電極のドレッシングを行なうまでに使用できる打点数が，この連続打点試験から決めることができる。

　連続打点試験を行うためには，事前に電極の水冷が確実に行われる状態になっていること，電極加圧系の動作に問題がないことを確認をしておくことが肝要である。電極加圧系の動作に関しては，**図2.38** に示す電極加圧力のヒステリシス曲線[2-33] を求めることで確認できる。図の横軸は，電極の加圧力上昇時と加圧力低減時の駆動力（エア式では空気圧，電気サーボ式ではモータのトルク値），図の縦軸は溶接部に加わる実加圧力（電極加圧力計で測定）の関係を確かめて整理した例で示してある。

　溶接機の加圧系に"ガタ"が出てくると，このヒステリシスカーブのループが広くなったり，横軸に示す駆動力の値によって，縦軸で見るヒステリシスの

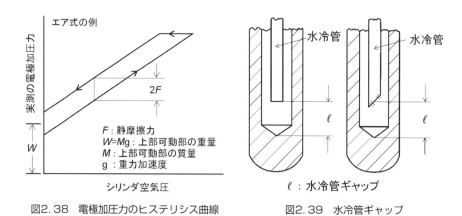

図2.38　電極加圧力のヒステリシス曲線　　図2.39　水冷管ギャップ

幅が変化する。このヒステリシスの幅は，電極加圧力系の摩擦力に起因して発
生するので，この幅が狭く管理できている溶接機を採用して試験を行うことが
望ましい。

　また，電極寿命試験では，少なくとも数百点，通常は数千点の溶接を高速に
繰り返して行うので，電極の水冷条件の確認は特に重要となる。冷却水量を規
定の値に設定するだけでなく，**図2.39**中に示す水冷管ギャップを適正に管
理する必要である[2-33]。電極を取り替えるごとに，この水冷管ギャップの値が
溶接機メーカーが指定した値に設定されていることを確認することを忘れては
いけない。

　連続打点試験で採用する溶接条件は実際の施工状態を想定して決める。基本
的には，電極加圧力と溶接時間は溶接施工要領書などで指示された値とし，溶
接電流値は，ウェルドローブ試験で求められた散り発生限界電流直下の値に設
定することが多い。

　連続打点試験で使用する試験材としては，通常は，2枚重ねの帯板または角
板の形のものを採用する。溶接は一定の打点ピッチで繰り返して行い，100打
点または200打点ごとに，引張せん断試験に用いる単点溶接試験片を数点以上
溶接し，そのうちの2〜3点を取り出してピール試験などの現場試験で溶接径
と破断形態を確かめる。この結果を，**図2.40**中に示すような打点数にとも
なう溶接径の変化図としてまとめながら試験を続ける。なお，この単点溶接試
験片を用いた溶接も連続打点した数に加える。

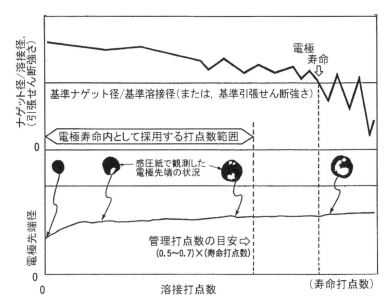

図2.40　連続打点試験での寿命打点数と管理打点数の目安

　電極寿命に達したかどうかは図中に記載した基準溶接径を割ったかどうかで判断する[2-25]。そして，この打点数を図2.40から求めて，寿命打点数とする。

　ただし，図2.40に示すように，基準溶接径を下回った後に再度基準値を上回ることもあるので，その後も溶接径の観測値が連続して基準値を下回るまで試験を続け，1回分の試験終了とする。

　1組の連続打点データを何回の試験で求めるかは，事前に当事者間で決めておく必要がある。何回かのデータで寿命打点数を求める場合には，データの処理方法もあらかじめ決めておく。また，何打点ごとに単点溶接試験片を挿入するかは予想される電極寿命によって変えるとよい。連続打点試験する帯板や角板の寸法，打点ピッチや打点の順序，縁距離，溶接条件の決め方や電極の冷却条件，時間当たりの溶接頻度なども事前に決めておく必要がある。

　WES 1107: 1992では，連続打点試験の初期に行なった単点溶接試験片を用いて求めた引張せん断強さに対して，溶接強さが70%を割るときを電極寿命とすると定義している[2-33]。しかし，表面性状を重視する場合は表面のくぼみやバリ，ピットの発生状況を見て判断すればよい。寿命の定義は事前に当事者

間で事前に決めておくことが必要である。

　なお，連続打点試験は，電極の消耗状況を観察する電極寿命試験も兼ねて実施することが望ましい。

　電極の消耗試験を兼ねる場合は，単点溶接試験片を用いて溶接する途中に，感圧紙などを上下電極間に被溶接材と合わせて挟んで加圧し，図2.40中の中段に示したような，電極先端形状のカーボンプリントとして記録する。溶接していない新品の試験片を電極間に挟むことによって，上電極と下電極を区別して同時に観察することができる。このカーボンプリントの結果から，電極の消耗状態が推察できる。

　実際の溶接作業に採用する，いわゆる "管理打点数" は，図2.40の図中に示す "寿命打点数" の0.5倍〜0.7倍とするのが望ましい[2-25]。

(2) 作成上の留意点

　亜鉛めっき鋼板やアルミニウムおよびアルミニウム合金板の試験をする場合は，一般に，電極の消耗速度が速くなるだけでなく，電極先端の中央部が窪むような電極の消耗形態が認められるようになり，通常の碁石形ではなく，リング状のナゲットや2カ所または3カ所に分断したナゲット，三日月形のナゲットなどが形成されることがある。現場試験を用いた溶接径の観測からは十分な大きさのナゲットが形成されているように見えても，溶接部の中心は接合していないという場合も有り得る。このような形のナゲットが形成されている可能性が想定される場合には，連続打点溶接した帯板または角板から，溶接部を切り出し，ナゲット部を断面試験して，不整な形のナゲットの出現時期を確かめる[2-33]ことが望ましい。

2.5.4　板の合いの影響を調べる試験—すき間付き試験片を用いる試験

　板の合いの影響は，第1章の図1.9に示したようなすき間付き試験片を用いて確認できる。しかし，近年採用が増している超高強度鋼板を利用した自動車車体では厚板と薄板の組合せが主になってきている。このような状態に対する情報を得るためには，**図2.41**に示すような，異なった板厚の組合せのすき間付き試験片を採用する。また，フランジ部の溶接に対しては，**図2.42**に示すような片持ち梁形の代用試験片を作成して利用すると試験片作成の手間が減らせる。

　これらのすき間が付いた試験片を用いて，すき間の広さgをパラメータとし

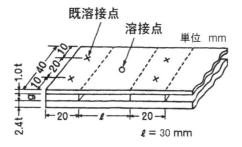

図2.41 異なる板厚を用いるすき間試験片の例

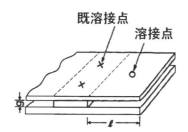

図2.42 フランジ部の代用試験片例

て，ウェルドローブまたは溶接可能電流域の広さとその移動の仕方を見ることによって，許容できる板の合いの悪さの限界を決めることができる。（図1.10参照）

　この結果をプレス加工精度に反映させることが，スポット溶接品質のばらつきを低減させるために不可欠となる。

第3章
製造現場で利用できる品質管理と検査技術

3.1 スポット溶接の製造現場で利用できる品質検査方法の種類

　第1章の1.3節で述べたように，自動車製造工場では，溶接機の設備工程能力で溶接品質を確保することを基本としているが，品治確認のために製造現場での試験・検査も行われている。重要保安部品に指定されている部位の溶接部（例えば，電子ビーム溶接で接合するギア部品）は全数検査されている。

　スポット溶接部に対しても，車体の組立精度をインラインで検査する装置を製造ライン中に組み込んだり，製造ラインにインラインの溶接部品質検査装置を組込んだり，オフラインの抜取検査手法を用いた溶接部品質に対する検査工程が組み込まれている。

　スポット溶接作業標準規格である ISO 14373 には，前述 1.4.5 項で説明したように，溶接作業現場でも品質確認を行うように規定している。ただし，この作業現場での品質確認試験は，設備工程能力が確保されており，その結果として溶接品質が確保できていることを保証するために行われる。

　検査のための手段として，ISO 14373 では，ピール試験やたがね試験のような現場試験を採用することを基本としている。製品を直接検査することを前提としているが，試験片を用いた検査も認めている。また，検査方法としても，等価な性能を有する非破壊試験だけでなく，必要に応じて，引張せん断試験のような実験室で用いる試験方法を採用してもよいとされている[3-1]。

　自動車車体の素材として軟鋼板だけを採用していた時代には，非破断形のたがね試験（3.2節参照）を採用し，製品の抜取り検査が行われていた。しかし，車体の軽量化のために高強度鋼板や超高張力鋼板が多用されるようになっ

た近年，このたがねによる非破断試験が，良好な溶接部を不良溶接部と誤判断する可能性が出てきた。この非破断形たがね試験の代替手段としてインラインの超音波試験などの非破壊試験が最近は製造ラインに導入されている。

　また，欧米では，スポット溶接で各打点部を溶接している最中にチップ間電圧と溶接電流などの溶接条件パラメータをリアルタイムに計測し，インラインで溶接品質を同定し，溶接条件を適応制御するタイプのスポット溶接制御処置が製造ラインに多数導入されている。ただし，これらの適応制御溶接機が欧米で導入されて20年近く経った現在の評価は，欧州自動車会社の溶接技術者によると，適応制御溶接機としてよりも，溶接部に問題が発生したときの原因調査のために溶接品質モニタリングデータとして役立っているようである。

　表3.1に，製造現場で採用可能な試験方法とその特徴を示す。

3.2　工具を用いた溶接部の簡易検査
—スポット溶接部の現場試験—

3.2.1　溶接部の現場試験とその種類

　前章で説明した溶接強度やナゲット径などは，引張試験機などの固定設備を利用する関係で，実験室でしか実施できない，現場試験[*]はこの問題点を解決して，溶接作業現場かその近くで簡便に溶接品質を判定できるようにするために開発された手法である。製造現場だけでなく，実験室でも破壊検査のための各種試験のデータを採取する前の準備作業としても利用されている。

　日本では，たがね試験とピール試験およびねじり試験を1つの規格にまとめたJIS Z 3144が発行されている[3-2]。国際規格としてはISO 10447[3-3]（たがね試験とピール試験）およびISO 17653[3-4]（ねじり試験）が規格化されている。

　たがね試験は，たがねを接合界面に打ち込んで溶接部の出来具合を判断するために使用する。破断試験と非破断試験の2種類がある。ピール試験は，溶接部を手動でピール破断して溶接径を測るために採用する。ねじり試験は，専用工具を利用して溶接部をねじり切る試験である。JISでは手動でねじり切る試

---

[*]　JIS Z 3144の現場試験規格では英語表記を"Routine test"としているが，ISO 18278-1では"shop floor test"と表現している。

表3.1　製造現場で採用可能な品質検査のための試験方法

検査の種類	試験または検査方法	溶接部破断の要否	注　記	参照項番号
工具を用いる簡易試験（現場試験）	ピール試験	溶接部を破断する	薄板が対象	3.2.3
	たがね試験	溶接部を破断しない方法もある	製品の非破断試験方法として利用できる	3.2.2
	ねじり試験	溶接部を破断する	中厚板まで適用可能	3.2.4
機械的破断をともなう試験	引張せん断試験他	溶接部を破断する	実験室で測定や観察する必要があるので，特に要求された場合にのみ採用	2.3.2
	断面試験			2.4.3
非破壊試験	目視検査／外観試験	溶接部を破断しなくてよい	作業現場だけでなく，実験室でも利用される	2.4.2
	超音波探傷試験		オフラインの検査技術として最初は導入された	3.3.3
	赤外線サーモグラフィ		原理的には，インラインおよびオフラインで適用可能ただし，普及していない	3.3.4
	磁気を用いる方法		現在は用いられていない	3.3.5
	浸透探傷検査浸透液漏れ検査		割れの存在確認や溶接部を貫通した割れの確認に利用	3.3.6
インライン検査	溶接品質モニタリング	溶接部は破断しない	欧米では，適応制御装置のデータを活用している	3.4.2
	インライン超音波検査		近年採用され始めている	3.4.3

注）表中の"参照項番号"は，本書で参照すべき項番号を示している。

験だけが規定されているが，ISO 17653 ではねじり強さを計測する方法も規定している。

この3種類の現場試験の方法を図3.1に模式的に示す。

3.2.2　たがね試験

たがね試験は専用の平形たがねを用いて行う，溶接部を破断しないで溶接の出来具合を判断する股なしたがねを用いる（b）図の非破断形と，二股たがねを溶接部に打ち込んで破断後に溶接径を測定する（a）図の破断形に分かれる[3-2, 3-3]。

ナゲット部を中央に挟んだ形でたがねを打ち込む二股たがねを用いた（a）図の方法は，溶接径の測定だけでなく，溶接部の切り離し作業にも活用できる。

股なしたがねを用いる（b）図の非破断形を採用すると，溶接径の測定はできないが，図3.2（a）[3-5]に示すように，たがね試験後に拡がって口の開いた

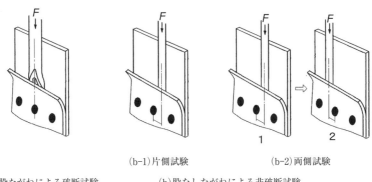

（b-1）片側試験　　　　　　　　（b-2）両側試験

（a）二股たがねによる破断試験　　　（b）股なしたがねによる非破断試験

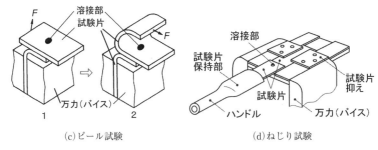

（c）ピール試験　　　　　　　　（d）ねじり試験

図3.1　スポット溶接部の現場試験

部分を叩いて元に戻せるため，製品の検査にも適用できる[3-6]。溶接部近傍の
片側だけにたがねを打ち込む方法（図3.1（b-1））と，両側に打ち込む方法
（図3.1（b-2））とがある。どちらを選ぶかは，溶接部の重要度や配置で決め

コラム14　試験と検査の違い

　「品質マネジメントシステムの基本及び用語編」である JIS Q 9000: 2006 で
は，試験（test）は"手順に従って特性を明確にすること"，検査（inspection）
は"必要に応じて測定，試験又はゲージ合せを伴う，観察及び判定による適合
性の評価"と定義されている。

　試験では性能や特性は調べても，要求条件に適合しているかの判定はしない。
検査では試験の結果などを見て，要求条件を満たしているかどうかの判定を行
う。この判定を行うかどうかという点が両者で異なっている。

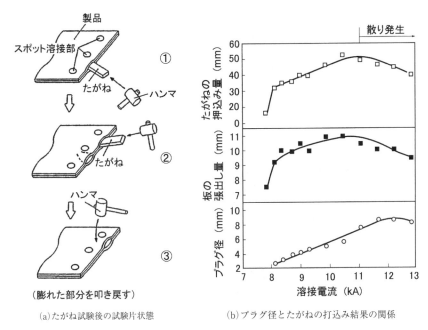

(a)たがね試験後の試験片状態 (b)プラグ径とたがねの打込み結果の関係

図3.2 品質検査としてのたがね試験の適用性調査結果の例

ると良い。

　溶接部の非破断的な検査方法として適用できることを実験的に確かめた例[3-7]を図3.2 (b) に示しておく。股なしたがねを決められた力で打ち込んだときの押込み量や板張り出し量を同時に観察すれば溶接品質を判断できる。

　現場試験規格の JIS Z 3144 ではこの考えで非破断試験としての試験条件が決めるように規定している。

3.2.3　ピール試験

　ピール試験は，図3.1 (c) に示すように，任意の形の試験片の片側を万力に挟み，もう一方の端をプライヤなどで摑んで人力で引き離す方法である。試験片は，製品の溶接部から切り出してもよいし，単点溶接試験片を別に準備してもよい。ただし，ピール力（引き裂き力）は人力であるため，比較的薄い板や柔らかい板の溶接部にしか適用できない。人力で破断できない高強度材や厚板の場合は，2.3.2項に説明した機械式ピール試験[3-8]を採用する。

　帯板を用いた連続打点試験溶接板のピール試験を効率的に行うためのローラ

コラム 15　たがね試験に用いるたがねの形状と使い分け[3-2]

　たがね試験を含むスポット溶接部の現場試験の方法を規定した JIS Z 3144 で推奨されているたがねの形状と寸法を図 C.1 と図 C.2 に示す[3-2]。

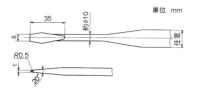
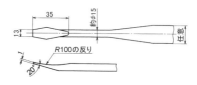

(a) タイプ A-1 のたがね($t≦2$ mm)　　(b) タイプ A-2 のたがね(2 mm$<t≦3.2$ mm)

図 C.1　非破断試験に用いる股なしたがね(タイプ A)の形状例

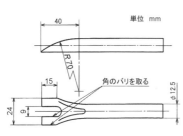
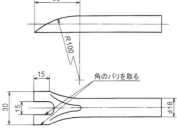

(a) タイプ B-1 のたがね($d_n≦8$ mm)　　(b) タイプ B-2 のたがね($d_n≦13$ mm)

図 C.2　破断試験に用いる二股たがね(タイプ B)の形状例

　タイプ A のたがねは板厚 t によって，タイプ B のたがねは推定される溶接径 d_n によって使用するたがねの寸法を使い分けるように規定されている。
　非破断試験としては股なしたがねの採用が推奨され，打込み位置と打込み深さは，溶接部近くの材料が大きく変形するまで，予め決められた溶接部から離れた位置および深さとする。また，たがねは縁に直角に打込む。
　破断試験として使用する場合は，原則として二股たがねを採用し，溶接部をまたいだ形でねらい，溶接部が破断するまで打込む。

形ピール試験ジグが ISO 10447 では紹介されており，欧州では利用されている。

3.2.4　ねじり試験

　ねじり試験は2枚の試験片の両端を持ってねじればよいので，イメージ的には比較的簡単に見える。しかし，金属材料のスポット溶接部の溶接強度は，数人の人間を支える位の強さがあり，簡単にねじり切れる場合はそれほど多くない。怪我をするなどの危険性の方が高い。通常は，図3.1（d）に示したように，専用の試験ジグと工具を利用して作業を行う。工具を用いる関係で，比較的厚板や高強度材の現場試験にも適用できる。

　ただし，このねじり試験は，コロナボンド部に擦り傷を残す可能性が高い。ナゲット部かコロナボンド部かの判別が難しくなることがあるので溶接径の観察に際しては注意が必要となる。

　なお，現場試験で溶接部の出来具合を判定する場合は，現場試験によって計測される溶接径と2.3.2項に示した機械的試験によって求めた溶接強度との間の対応関係を事前に確かめておくことを忘れてはいけない。また，2.2.5項で説明した破断形態の観察と併わせて判断することが望ましい。

3.3　スポット溶接部の非破壊検査

3.3.1　破壊的でない検査方法が求められる理由

　前節で説明した現場試験の方法は，非破断たがね試験を除けば製品の検査に適用することはできない。製品または試験片を破断または切断して試験するため，試験後は製品には戻らない。しかし，製品の品質保証の立場で考えると，製品に傷をつけずに，しかも，できれば全製品の検査が自動的に行える試験方

コラム16　非破断形たがね試験が最近使われなくなった理由

　最近使われている高強度材や超高強度材を用いた溶接部に非破断形のたがね試験を適用すると，ナゲット径が要求値を十分確保できているにも拘わらず，板間にたがねを打ち込むことが原因で溶接部が界面破断してしまう現象が発生するようになった。溶接部を検査すると製品が使えなくなるのでは安心して検査をすることができなくなる。この理由で，近年，非破断形のたがね試験に代わる製品溶接部の非破壊的な検査手法の導入が進められている。

法の採用が望まれる。この条件を満たす試験方法が，製品に傷を残したり破壊
したりしないで試験できる非破壊試験である[3-9]。

3.3.2　非破壊検査の種類

非破壊試験（NDT は略号。Nondestructive test）は，“素材または製品など
を切り取ったり，切断したり，または試験片に加工したりせずに製品のままで
欠陥の有無，その存在位置，大きさ，形状，分布状態などを調べる試験”と定
義される[3-10]。

非破壊試験は，表面部の検査のために使われるものと，内部の検査のために
使われるもの，およびその他に分類されるものに分けられる。その他に分類さ
れるものは立場によって見方が異なるが，日本非破壊検査協会の考えでは，外
観試験やひずみ測定などを含めている。

図3.3に，表層部と内部の検査に利用できる試験（検査）方法の代表例を
示す。ただし，溶接関係者の間では，外観試験（目視試験）は非破壊検査とは
別に表示する場合が多いので，図3.3には示していない。

表層部と書いた試験方法には，表面とその少し内部を対象にしたものを含め
てある。

スポット溶接用には，この図に示した試験方法のうち，超音波探傷試験およ
び浸透探傷試験ならびに漏れ試験の内の浸透液漏れ試験が利用されている。赤
外線サーモグラフィの採用も試みられている[3-11]が，まだ実用には至っていな
い。磁粉探傷試験はアーク溶接部でよく利用されるが，鉄粉を用いる煩雑さが
あり，自動車の製造ラインでは採用されていない，渦流探傷試験とも呼ばれる

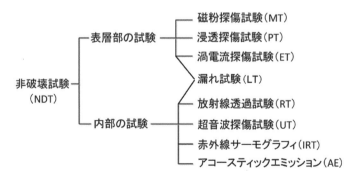

図3.3　非破壊試験の種類（括弧内は略号）

渦電流探傷試験は表面傷や板厚の自動検出には役立つものの，傷の位置と形の同定には向かないのでやはり採用されていない。放射線透過試験は特別な管理区域内でしか作業ができないため，大量生産を行う自動車の製造ラインなどには向かないと判断されている。内部割れの進展や組織変態などの進展などにともなって発生する音響信号を計測するアコースティックエミッションも研究の対象とはなった[3-12]。しかし，測定値が具体的な割れの位置や大きさ，形状と対応できないだけでなく，溶接後直ぐに計測を行う必要があるため現実には採用されていない。

　スポット溶接部にも適用できる浸透探傷試験[3-13]は表面割れの存在と大きさを調べるため，浸透液漏れ試験[3-10]はナゲット部を貫通して裏面まで達する割れの存在を調べるため，超音波探傷試験と赤外線サーモグラフィはナゲット径の大きさを調べるために利用できる。

　日本では，図3.3に示した以外に，3.3.5項に示すスポット溶接部の圧痕とナゲット径を調べるために磁気を用いた方法も開発されている[3-14]。

3.3.3　超音波探傷試験

　超音波探傷試験は，超音波探触子内部に組込まれた圧電素子などで作られた振動子にパルス電圧を印加し，発生した超音波パルスを試験したい部分に照射し，その反射波を観測して試験体内部の状態を検査する方法である。医療分野で使われている超音波エコー検査と基本的には変わらない。

　いずれもパルス波[3-15]と呼ばれるごく短時間の超音波を繰り返し発生させて観測している。ただし，スポット溶接部に適した形の超音波探触子（プローブともいう）を用い，計測装置は，対象物の状態が時間的には変化しないことを前提としたデータ処理部と表示部から構成されている。

　アーク溶接部では，溶接線から横方向に離れた位置に探触子を設置して計測する斜角探触子を用いる方法（斜角探傷法）が主に採用される。被検査材表面での探触子の接触位置を移動させながら，溶接部に残存する割れや溶込み不良などの，いわゆる"きず"の検出に利用している。探触子を1個用いる方法と2個用いる方法とがある。

　これに対し，スポット溶接部では，表面からは直視できないナゲット径やその形の計測を主目的としているため，ナゲット形成位置直上の圧痕や変色で判断されるスポット溶接部の表面に探触子を直接接触させ，溶接部の片側から垂

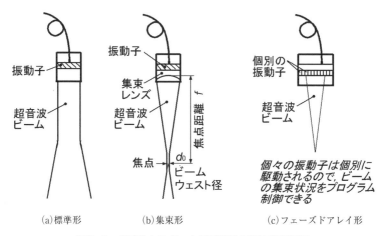

(a)標準形　　　　　　(b)集束形　　　　　　(c)フェーズドアレイ形

図3.4　代表的なスポット溶接試験用超音波探触子

直に計測する方式を用いる。通常は，1振動子型の探触子を用いて計測する方法（垂直探傷法）が採用される。

　図3.4に，スポット溶接部の超音波探傷試験に用いられている3種類の垂直探触子を示す。(a) 図が最もよく使用されている標準形で，探触子から放射された超音波ビームの直径は探触子出口近くではほぼ一定に保たれ，その後拡がる。スポット溶接部のナゲット径測定に用いる場合は，通常，ナゲット径程度のビーム径を放射する探触子を採用するので，ビーム径一定の範囲内で観測できる。

　(b) 図は，固定型の集束レンズで超音波ビームを焦点に集束させるように設計した探触子である。(a) 図の平行ビームを用いると溶接部内で超音波ビームの音圧が減衰する場合でもビーム径が絞られることによって音圧低下がかなり補償される。このため，焦点位置からの信号を欠陥の検出に用いれば，位置の分解能が上がるだけでなく，探触子から離れた位置や多重反射した後でも，音圧がそれほど低下していない超音波ビームを用いた試験ができる[3-16]。

注記　超音波試験に関する多くの書籍や文献では，図3.4に示した焦点位置での超音波ビームの径を"ビーム径"と表している。しかし，国際規格やJISの溶接用語規格では，この細く絞れた部分の径を特に"ビームウェスト径（beam waist diameter）"と呼んで区別している。"ウェスト"は"腰"の意味。

　ただし，図3.4（a）と（b）に示した1つの振動子で構成される旧来型の探触子を用いる場合は，探触子を外部駆動装置で移動させない限り平面的な走査（CスキャンとかCスコープ方式という）はできない。もちろん，断面のスキャン（BスキャンとかBスコープ方式という）もできない。このため，反射波の強さを時間の関数としてのみ表現するAスコープ方式（Aスキャンという）でしか利用できないという制約がある。

　図3.4（c）は，1つ探触子内に複数個の小型振動子をアレイ状やマトリックス状に配置して，各振動子に加える駆動電圧の位相を調整して，平行ビームや集束ビームの焦点位置を外部からプログラム的に自由に制御できる方式である[3-17]。フェーズドアレイ形の探触子と呼ばれる。現場で使用できるポータブル型の装置が実用されたのは1990年代と近年ではある。しかし，振動子内の各素子に与える駆動信号を制御するだけで超音波ビームの方向や集束位置を制御できるため。振動子を固定したままで，内部状態を平面的な濃淡画像で見るCスコープ方式や，断面画像としてみるBスコープ方式として動作させることができる特長をもつ。もちろん，Aスコープ方式としての利用も可能である。後述，3.4.3項で紹介するインライン超音波検査装置には，マトリックスアレイ探触子が採用されている[3-18]。

　超音波探触子を用いてスポット溶接部の表面から入射した超音波は被溶接材の裏面で反射し，**図3.5** に示すように，この反射波の一部が元の入射表面を超えて探触子で受波される。残りはこの表面で反射し，再度被溶接材中で戻る。そして，裏面で再び反射して同じ現象を繰り返す。この現象を多重反射という。超音波試験のAスコープ表示でみた各エコー信号のピーク値（エコー高さ）の変化（エコー高さの減衰パターン）は，被溶接材中でのこの多重反射信号の減衰の様子を見ている。図3.4に示した標準形探触子を用いた場合，母材部でのエコー高さは単調に減衰する。

　Aスコープ表示では，時間軸を横軸にとる。この横軸は超音波の伝搬距離に対応する。垂直探触子を用いた場合の各エコー信号間の時間間隔が入射面（表面）から反射面（裏面）までの距離（厚さ）の2倍に相当するので，長さに換算できる。そして，この一往復分の伝搬距離（厚さの2倍）をエコーピーク間の時間間隔の値で割るとその部分での平均音速が求まる。この値は試験部分の材質同定に役立つ。

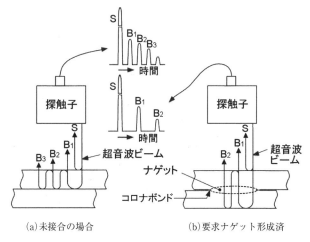

図3.5　超音波試験でナゲット径が試験できる原理

　図3.5は，ナゲットだけでなく圧接もできていない，いわゆる未接合になった溶接部と必要なナゲット径を確保できた溶接部で超音波試験した場合のエコー信号の違いも模式的に示している[3-12]。未接合となった左側の（a）図の場合は，上板の裏面で超音波が反射する。これに対して，入射した超音波のビーム径と同じか広い接合部（ナゲットまたはコロナボンド部）が形成されている右側の（b）図の場合は，超音波信号が接合部を通過して下板側の裏面に達し，ここで反射する。このため，反射波を探触子で受波できるまでの時間間隔が長くなる。同じ板厚を重ねたスポット溶接部の場合は（a）図の場合よりエコーのピーク間隔は2倍に延びる。

　スポット溶接部では，このエコー信号の時間間隔の違いを利用して溶接部が形成されたかを調べる。そして，急速に減衰するか緩慢に減衰するかというエコー高さの減衰率の違いから，溶接部で組織変化した部分の厚さを推測することができる[3-19]。例えば，ナゲット部に生成されている溶融・凝固組織であるデンドライト組織と未溶融部分の組織部や母材の組織部を比べると，デンドライト組織部の方が超音波の減衰率が大きいので，ナゲット厚さの違いが推定できる[3-19]。

　この原理を利用すると，要求ナゲット径に等しいビーム径をもつ超音波ビームをスポット溶接部に照射し，受信された各エコーピーク間の時間間隔とこの

エコーピークの減衰パターンの違いを見れば，少なくともビーム径に等しいか大きなコロナボンド径が形成されているかどうかとナゲットが存在するかの判別を行うことができる。薄板のスポット溶接部ではコロナボンド径とナゲット径の差が小さいので，要求されたナゲット径が形成されたかどうかの判断材料になる。

図3.6に，この考えを基にしながら観測した幾つ状態のスポット溶接部を超音波試験結果を模式的に示す[3-19]。未接合部では，図3.6（a）に示すように，上板裏面からのエコーだけが観測される，これに対して，要求された大きさのナゲットが形成された場合は，図3.6（d）に示すように，下板裏面からの反射波だけが認められるようになる。超音波の入射面から反射面までの距離が長くなるので，各エコー波形のピーク時間間隔の広いパターンが得られる。

この結果は，以前は，時間間隔の短い上板側のエコーピークを連ねた減衰パ

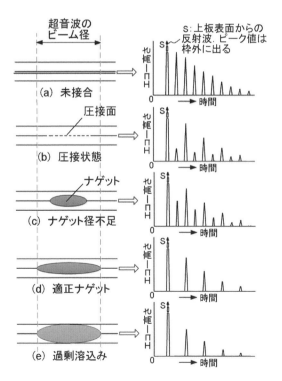

図3.6　ナゲット形成状況とエコーパターンの関係(例)

ターンと時間間隔の長い下板側のエコーピーク位置を連ねた減衰曲線の比率を
みれば，ナゲットの出来具合が推定できることを暗示している。実際，この比
率でナゲット径の大きさを判断する手法も採用されている。

　しかし現実は，コロナボンド部に相当する圧接しただけの部分でも，（b）
図に示すように下板裏面から反射した超音波のエコー高さは案外大きい[3-19]。
これは，上板側と下板側のエコーピークの減衰パターンを比較するだけでは，
本当は，ナゲット径とコロナボンド径を区別することはできない。

　超音波の減衰率の違いも併せて調べると，ナゲットが形成されているかどう
かが判断でき，この問題点を多少避けることができる。未溶接部で求めたエコ
ーピーク値の減衰率との相対比率も併せて調べると，図3.6（b）の圧接状態
か，ナゲット径不足なのかを区別できる可能性が高くなる。下板側裏面からの
エコーしか検出できない図3.6の（d）図と（e）図の違いも，（e）図の方が
エコー高さの減衰率が相対的に大きいことから区別できるようである。

　ただし，上でも述べたように，Aスコープ方式では，コロナボンド径とナ
ゲット径の完全な区別は原則的には不可能である。特にコロナボンド部が無視
できない程度に広くなる中厚板のスポット溶接部では，観測された径はコロナ
ボンド径と相関するが，ナゲット径とは相関しないという報告も多い[3-20]。A
スコープ方式を用いた試験法にはこの問題点が残っていることに留意されたい。

　標準形探触子の代わりに集束形探触子を用いると，位置分解能とビーム音圧
が高い焦点位置付近の細く縛られた超音波ビームを超音波試験に利用できる。
集束形探触子を用い，平面上で移動（走査）させて反射波の強さ分布を濃淡画
像としてみるCスコープ表示の代わりに，この強さを縦軸，探触子の位置を
横軸として表示すると，**図3.7**（a）に示す反射波の強さ分布曲線が求められ
る[3-21]。ナゲット中心部を通る走査によって求めた反射波の強さ分布曲線と，
図3.7（b）に示すこの超音波の走査試験後に断面試験した溶接部とを対比す
ると，図にみるように，ナゲット径およびコロナボンド径と分布曲線の間には
対応が認められる。底の位置がコロナボンド径，立ち上がって飽和した位置付
近がナゲット径に対応している。これは，図3.6に示したAスコープ表示で
は区別が難しかったナゲット径とコロナボンド径が，集束形超音波ビームを用
いてスキャンした3D表示では分離して計測できる可能性があることを示唆し
ている。

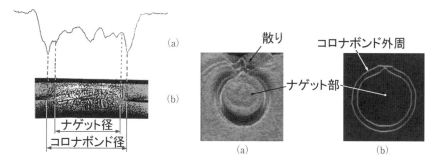

図3.7 反射波の強さ分布と
　　　　ナゲット断面の関係

図3.8 フェーズドアレイ法を用いて反射波の
　　　　強さ分布を基にした測定例

　この測定線の位置をずらしながらこの走査を繰り返すと，反射波の強さ分布を表す 3D 画像が得られる[3-22]。C スコープ像よりはナゲットの形成状況が分かりやすい。この手法を，フェーズドアレイ形を用いて測定した例で**図3.8**に示す[3-23]。図 3.8（a）は，走査のピッチを細かく設定して，測定データを処理したもので，ナゲットの形成状況だけでなく，中散りが発生状況さえも明確に認識できている。図 3.8（b）は，この 3D 画像をさらにデータ処理して，ナゲット部とコロナボンド部を抽出したものである。この結果は，3D 画像表示の手法とフェーズドアレイ形とを組み合わせることによって，ナゲット径とコロナボンド径の自動計測が可能になることを示唆している。

　スポット溶接継手では，板厚方向の反射を測定するだけでなく板の表面に沿って板中を超音波が伝搬する板波モードも利用できる。

　この板波モードを利用すると，ナゲット部のデンドライト組織による超音波の減衰の影響がより顕著に区別でき，被溶接材の表面側から計測した場合のようなコロナボンド部の存在による誤試験の影響はほぼ解消できる可能性が高いようである。ただし，ナゲットが存在しない部分との相対比較を行わないと再現性のある試験にはならない。この課題は超音波の通過経路を板中で横方向にスキャンすることで解決しようとする試みが行われた。

　この考えを基にリニアアレイ形の振動子を組込んだ 2 個の探触子を用いた板波モードを用いる方法が提案されている[3-4]。2 個の探触子は**図3.9**（a）に示すように対向して配置し，送波用のリニアアレイの各振動素子を順次動作させ，伝搬した信号を受波信号強度の分布として観測し，コンピュータ処理によ

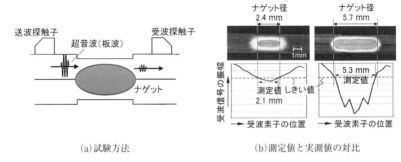

(a)試験方法　　　　　　　　　　(b)測定値と実測値の対比

図3.9　リニアアレイ形振動子を組込んだ2探触子法によるナゲット径の推定

り各受波素子位置での信号の振幅に換算すると，図3.9（b）に示すような受信波の振幅強度曲線が求められる。これに，実験的に求めたしきい値を重ねると，ナゲット径が計測できるようになる[3-24]。正確に計測できるかどうかは，採用するしきい値の適用性とその校正精度で決まる。

　超音波試験で得られるエコーパターンやエコーピーク値の減衰状態は被溶接材の種類や板厚，材質（金属組織の状態），表面のめっき層の有無や種類などによって種々に変化する。実際に試験する際は，探触子の使い方に習熟しているだけでなく，試験対象となる板組を用いた基準試験片群を別途準備しておき，これらと比較しながら試験を行うのが望ましい。基準試験片群としては，単点溶接試験片を用いるウェルドローブ試験を行う要領で同一溶接条件の溶接試験片を数枚以上ずつ準備し，その一部を前節で説明した断面試験でナゲット径やコロナボンド径，圧痕などの実測値で検証したものを用いるとよい。

　実際の超音波試験作業を行う場合には，探触子と検査したい製品表面との間の空間（空気の層）を取り除かないと振動子で発生させた超音波が被試験体である溶接部にうまく入射できないという問題が起こる。これは，コラム17で説明するように，空気中から固体表面に超音波を照射しても，コラム中の表C.1に示したように，音響インピーダンスZが両者で極端に違うため，入射した超音波のほぼ100%が被試験体の表面で反射されるためである。探触子内の振動子で発生した超音波（縦波）を被試験体内に入射できないというこの問題点は，**図3.10**に示すように，振動子と被試験体の間にグリセリンや水のような音響インピーダンスの値がある程度以上の大きさになる媒質を挟み込むこ

コラム 17　超音波ビームの界面での反射と屈折

　異種媒体境界で音圧振幅 p_i の音波が媒質1から媒質2に入射したとき（図 C.3 参照），媒質間の境界となる界面では一部の音波（音圧振幅で p_r 分）は反射し，音圧振幅 p_t 分しか透過しない。入射波に対する反射波の比率である音圧反射率 R_p 値は（C.1）式で計算できる。**表 C.1** に示す音速 c と密度 σ の積である音響インピーダンス Z の値を入れて計算する。

　媒質1中の入射波が界面に対して斜めに入射した場合は光学系と同じように音波の進行方向も屈折する。直進するのは，両媒質の音速の値が同じ場合と，音速値は異なるが界面に垂直に入射した場合だけである。一般には，媒質1中での界面への音波の入射角を θ_1，媒体2中での屈折角 θ_2 のとすると，両角度の間には（C.2）式で示すスネルの法則に従った関係が成り立つ。

$$R_p = \frac{P_r}{P_i} = \frac{\sigma_2 c_2/\cos\theta_2 - \sigma_1 c_1/\cos\theta_1}{\sigma_1 c_1/\cos\theta_1 + \sigma_2 c_2/\cos\theta_2} \quad \text{(C.1)}$$

$$\frac{\sin\theta_1}{c_1} = \frac{\sin\theta_2}{c_2} \quad \text{(C.2)}$$

表C.1　代表的な媒質の音響に関係する物性値

媒体の名称	音速 c (m/s)	密度 σ (Mg/m³)	固有音響インピーダンス
乾燥空気	343	1.2×10^{-3}	0.41
水蒸気	473	0.6×10^{-3}	0.28
水	1500	1.0	1500
軟鋼	5960	7.83	46700
鋳鉄	4990	6.8～7.8	33900～38900
アルミニウム	6420	2.7	17300
チタン	6100	4.5	27500
マグネシウム	5790	1.74	10100
銅	4660	8.9	41500
ポリスチレン	2350	1.04～1.09	2440～2560
軟質ポリエチレン	1950	0.91～0.96	1770～1870
天然ゴム	1600	0.91～0.93	1460～1490
テフロン	1400	1.7～2.2	2380～3080
グリセリン	1986	1.26	2500 Mg/m²s

媒質1｜媒質2
σ_1, c_1 ｜ σ_2, c_2

p_i → p_t →

p_r ←

(a) 垂直に入射

媒質1｜媒質2
σ_1, c_1 ｜ σ_2, c_2

θ_1 p_i
θ_1 ／ ＼ θ_2
p_r p_t

(b) 斜めに入射

図C.3　界面へ入射した音波の反射および透過後の屈折

注記：音速は縦波の場合の値。

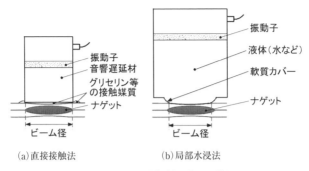

（a）直接接触法   （b）局部水浸法

図3.10　超音波探触子使用の状況

とによって解決できる。

　グリースや油脂，水などの接触媒質を探触子先端表面に塗布する図3.10
（a）の方式は直接接触法と呼ばれる。振動子の先に軟質カバーで覆われた水タ
ンクを取り付けて探触子と被試験体を接触させる同図（b）の方式は局所水浸
式と呼ばれる。後者の方式では，基本的には，探触子の先端に接触媒質を塗布
する必要がないので試験作業が簡単になる。しかし，実際には，接触媒質をさ
らに先端に塗布して試験をしている場合が多いようである。

　局部水浸法では軟質カバー部を介して探触子と被試験体を接触させている関
係で，力のかけ具合によって超音波ビームの径や傾きが変わる可能性がある。
局部水浸法を採用する場合は，押さえ方を事前に習得しておく必要がある。

3.3.4　赤外線サーモグラフィ

　スポット溶接部のナゲット径の計測に用いられる赤外線サーモグラフィ（単
に，サーモグラフィと呼ぶことも多い）は，**図3.11**（b）に示すように，溶
接部裏面から下板を瞬間的に加熱し，この熱が接合界面を通過して被試験体の
上板表面の温度上昇をもたらした結果（すなわち，表面の温度分布）を赤外線
熱画素カメラで観測して，コロナボンドを含むナゲット部の大きさを計測する
手法である[3-25]。

　被試験体の下板の加熱方法としては，赤外線ランプや火炎も考えられるが，
これらの熱源では短時間で精密に制御した加熱を行うのは難しい。今は，IH
調理器で使用されるのと同じ高周波誘導加熱が採用される方向にある[3-26]。

　図3.11（a）の未接合状態では接合界面に空気層が存在し，軽い接触状態と

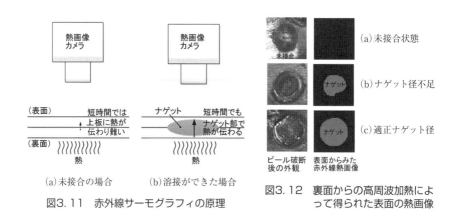

図3.11　赤外線サーモグラフィの原理

図3.12　裏面からの高周波加熱によって得られた表面の熱画像

なるため下板と上板間の熱伝達は難しくなるため，短時間では下板の熱は上板にはほとんど伝わらない。下板の加熱条件を適正に選べば，**図3.12**（a）に示すように，表面の温度上昇はほとんど認められない。これに対して，ナゲットが形成されている状態では，同じ経過時間後でも図3.12（b）や（c）にみるように，溶接部のナゲットまたはコロナボンド部を含むナゲット形状を反映した熱画像が観測できる[3-26]。

この手法は，上板の板厚が薄い場合に適している。原理的に，コロナボンド部とナゲット部の区別はできない試験方法ではあるが，薄板ではナゲット径とコロナボンド径の差が小さいのでそれほど問題にはならない。しかし，適用に際しては，最適な下板の加熱時間や投与熱量，表面温度の計測時期などを実験的に確認して決める必要がある。

なお，上板が厚くなると，上板中で熱が拡がるため熱画像の輪郭がぼやけてくる。薄板の場合と同じ関係は適用できなくなるので，中厚板に適用する場合には，熱の広がりの影響を打ち消すための解析手法をデータの処理過程に組み込む必要が出てくる。

3.3.5　磁気を用いる方法

磁気を用いる方法は，超音波試験のような接触媒質を挟む必要もなく，また，サーモグラフィ試験のように両側に検査装置を配置する必要もない。一般には，プローブ（検査素子）の高さを一定に保持できれば，被試験体から浮かした位置にこのプローブを配置して計測できる。しかも高速に試験できる利点

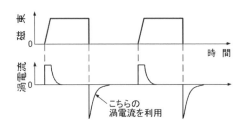

図3. 13　パルス渦電流試験での励起磁束と
　　　　　渦電流波形の関係

がある。

　欠陥検出だけでなく，板厚計測など種々な可能性をもつ計測技術ではあるが，開発途上の技術と考えた方がよい。超音波計測のような絶対値の計測が行えるレベルには達していない。参照試験片や参照被試験部との比較を行うことによって試験結果の信頼性を確保している試験技術である。磁場を用いる方法は，渦電流を用いる方法と合わせて，総称して電磁誘導試験と呼ばれる。

　渦電流を計測に利用する場合は，通常，交流磁界が採用されるが，代わりに，図3. 13に示すようなパルス状の直流磁界を与える方法もある。この方法を用いると，極短時間ではあるが静磁場の状態を作ることができる。この関係で，交流渦電流法よりも深い位置まで磁界が浸透し，表面から離れた被試験体内部の情報も併せて計測できる[3-27]。さらに，静磁界を遮断した場合の磁束密度変化には種々の周波数成分が含まれ，パルス磁界遮断後に渦電流が流れている範囲（厚さ）は，被試験体表面から内部に拡がるような形で進展するという特徴をもつ[3-27]。

　このパルス電流で励起する図3.13に示すパルス渦電流試験の手法は，検査対象物の板厚変化を高速に調べる場合や，常磁性体の裏面の割れ検出などの場合に適用されている。

　ただし，このパルス渦電流法を用いた場合でも，内部の状態変化を知るためには，プローブを移動させながらパルス磁場を繰り返し発生させて，相対比較で計測する必要がある。スポット溶接部でもプローブを移動させながら多数のパルスを繰り返し発生させて計測できないわけではない。しかし，計測時間が極端に長くなり効率的とはいえなくなる。

　この難点を解消するために，スポット溶接部のナゲット径計測専用のパルス渦電流試験法では，図3. 14に示すように，磁場の励起コイルと磁場の検出コイルを分けて設置し，しかも渦電流による磁束密度分布の検出コイルとしては小コイルを並べたアレイ形に設計したものが採用されている[3-28]。この改善によって，基本的には1回のパルス通電磁界によって，被試験体（溶接部）表

面の磁束密度の時間変化分布が直接計
測できるようになり，1回の観測結果
からナゲット径を求めることができる
ようになっている。

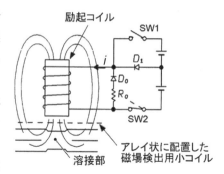

　この方法の原型は1990年代に日本
で開発されたもので，当時は"ナゲッ
トグラフィー"と呼ばれた[3-14]。

　この装置では，**図3.15** に示すよ
うに，被試験体中に生成した渦電流に
よって発生した磁束密度分布の時間変

図3.14　スポット溶接用に適用されている
パルス渦電流法

化を各小コイルで同時計測し，渦電流による影響の違いを分離する処理を施し
てナゲット径を求めている。また，ナゲット径と圧痕の区別は磁気抵抗の分布
を計測して行っていた。ただし，1回の計測作業だけでは，溶接部表面に形成
された圧痕の影響と溶接部内部のナゲット部の電磁的特性に違いによる影響を
完全に分離して観測することは難しい。

　改良された最近の手法[3-28] では，消磁された状態からの磁気特性曲線の非線
形性に注目し，磁束密度値を2レベル設定し，この2つのレベルで順に磁束密
度分布の時間変化を計測して，この両者の計測結果の差分を求めることによっ
て，圧痕深さなどの影響を取り除き，より正しいナゲット径の計測ができるよ

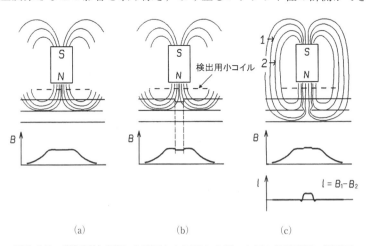

(a)　　　　　　　　(b)　　　　　　　(c)

図3.15　磁気抵抗の違いを利用した圧痕とナゲット径の分離計測の説明図

コラム 18　**磁気を用いる検査方法の種類**

　磁場を用いる検査方法は，渦電流を計測する方法と磁気抵抗を計測する方法に大別され，渦電流を用いる方法は励磁電流の違いから，交流式とパルス式に分かれる。これらを整理して**図C. 4**に示す。

図C. 4　磁気を用いるスポット溶接用試験方法の種類

　渦電流試験は，通常，交流電流による磁場を採用する関係で，表皮効果の影響が現れ，検査対象の表面に存在する割れなどの検知に用いられる。しかし，交流電流で励磁する代わりに，矩形波のパルス電流を採用すると，検出対象の内部にまで磁場が浸透するため，内部の状況や板の裏面の情報を得ることができるようになる。

うになっている。ただし，この磁気抵抗を用いる方法は，常磁性体のアルミニウムやアルミニウム合金のスポット溶接部には適用できない。

3.3.6　浸透探傷試験ならびに浸透液漏れ試験

　浸透探傷試験は，磁粉探傷試験のように適用材料に制限がないのが特徴である。**図3.16**に示すように，試験したい部分の表面を清掃処理した後に，浸透液を塗布する。この状態で5〜20分放置すると浸透液が割れやピット内に浸透するので，その後，表面に残留している浸透液を拭き取り，現像液と呼ばれる薬品と吹き付ける[3-29]。現像液は，割れなどの内部に染み込んだ浸透液を吸い出す役目と，視認性を良くする役目を担っている。

　スポット溶接部の浸透探傷試験では，図3.16（a）に示すアーク溶接部に対する場合と同じ手順を用いて割れやピットの存在を確認することに利用できる。スポット溶接部で板の裏まで貫通した割れが存在すると想定され，この貫通した割れの存在を確認したい場合は，図3.16（b）に示す浸透液漏れ試験を採用する[3-13]。

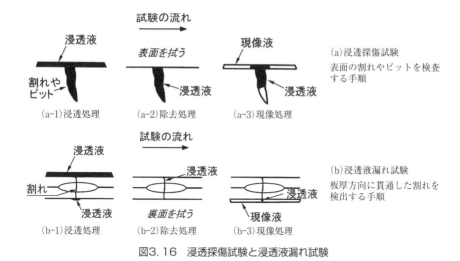

図3.16　浸透探傷試験と浸透液漏れ試験

　浸透液漏れ試験は，表面に浸透液を塗布するまでの手順は浸透探傷試験の場合と変わらない。しかし，裏面に吹き出した浸透液を拭き取った後に，裏面に現像剤を吹き付けて裏面を観察する点だけが異なる。

　浸透液の残留状態の観察に際しては，いずれの場合も低倍率の目盛り付きルーペなどを用いるとよい。

　この浸透探傷試験や浸透液漏れ試験では，前処理としての清掃処理で洗浄液を使用することがある。この場合には，割れやピットに洗浄液を残さないようにするために，完全な形の乾燥処理が肝要となる。これを怠ると，割れなどの内部に洗浄液が残って，浸透液が染み込まなくなる。また，浸透液を拭き取り方や適正な現像液の吹きつけ方には慣れが必要で，正確な試験を実施できるためには熟練を要する。

3.4　製造時のインライン溶接品質検査
—製造現場で利用できる自動溶接品質検査—

3.4.1　スポット溶接部の溶接品質管理技術の変遷とその歴史的背景

　スポット溶接は溶接状態の直接肉眼観察が困難な溶接方法である。自動車の製造技術として利用され始めた当初からの，品質保証は，溶接条件管理と非破

断形たがね試験のような溶接後の非破壊的な検査手法を組み合わせた形で行われてきた。基本的には抜き取りであるが，重要保安部品に対しては全数検査が実施されている。

　この状態は，1935年に組織化された米国の抵抗溶接機製造者協会（RWMA）の設立以前から変わっていないようである。今でも自動車会社ではこの基本を踏襲している。

　最近の変化としては，1990年代にいち早くアダプティブ（適応）制御溶接装置をインラインの品質保証装置として大量に導入したドイツの自動車メーカーの動きである。アダプティブ（適応）制御溶接装置は溶接品質が悪くなったときに保全関係者が溶接条件の再設定のために利用する品質モニタリング装置として今では役立っているようである。

　溶接機器の発展や使用材料の変遷によって，品質管理と保証のための具体的な対処方法やインラインでの動作監視の方法は変わってきた。この変遷は3世代に分けると理解しやすい[3-29]。

(1) 第一世代：裸鋼板を用いた時代

　この第一世代は溶接機の制御方式から，電磁スイッチによる通電制御しかできなかった初期の時代と，電子制御式の溶接機を利用できるようになった時代に分けることができる。

　電磁スイッチを用いた時代は，電極加圧は機械的な足踏み式を用い，通電時間は溶接変圧器の一次側に挿入された電磁スイッチのオン－オフで行い，溶接電流値は溶接変圧器の一次側タップを切り替えて実現していた。そして，溶接品質は溶接条件管理とたがね試験を用いて管理された。安価な溶接機を導入したい会社では1960年代後半までこの足踏み式を利用していた[3-30]。

　現在でいうポータブルスポット溶接機（可搬式点溶接機）の導入は，日本に進出した日本ゼネラルモータ鶴町工場が最初である。1930年頃から可搬式点溶接機の国産化も始まった。

　当時のものではないが，**図3.17**に，ポータブルスポット溶接機の例を示す[3-29]。初期の溶接機では，図中のタップ切替器で溶接変圧器の入力側コイルの巻数を変えて溶接電流値を調整していた。

　溶接電流値の制御がイグナイトロン（水銀整流器）を用いた電子式になったのは1950年代以降である。その後，1950年代後半に開発されたサイリスタ

（半導体素子）が大電力用として普及し，1970 年頃までにはサイリスタ方式に置き換えられた。

　しかし，溶接品質の管理手法は機械式のスイッチを採用していた時代と変わっていない。溶接品質の保証は，やはり，溶接条件管理とたがね試験で行われていた。

　電子式制御が利用できることになった利点は，**図3.18** に示すように，溶接変圧器の一次側に組み込んだイグナイトロンやサイリスタというスイッチング素子の点弧位相を変化させて，溶接電流値を連続的に変化させることができるようになったことにある。結果

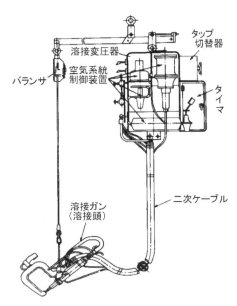

図3.17　ポータブルスポット溶接機の構成
（1930年頃のものとは少し異なる）

として，電流値の正確な設定ができるようになり，より厳密な溶接条件管理が容易に実現できるようになった。

　このやり方で実用的な品質保証ができたのは，1930 年代に米国に抵抗溶接機製造者協会（RWMA）が完成させた推奨溶接条件表にしたがって電極の選定と加圧力および通電時間（溶接時間）を設定し，溶接電流を散りの発生する電流域に設定すれば，散り発生によって鋼板溶接部のナゲット径の過大な成長が自動的に止まり，ナゲット径の値をほぼ一定化できるという現場的な経験に

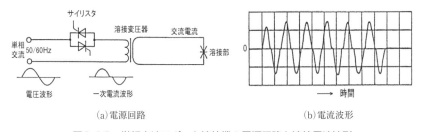

図3.18　単相交流スポット溶接機の電源回路と溶接電流波形

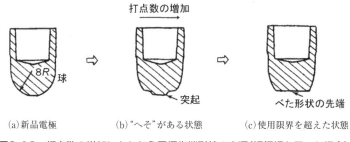

図3.19　打点数の増加にともなう電極先端形状の変遷（裸鋼板を用いた場合）

基づいている。しかも，この散りの発生が有力なインライン品質モニタリングの手段として役立っていた[3-29]。

　日本の自動車会社では，社内基準として$4\sqrt{t}$（t：板厚）ナゲット径を形成する溶接電流の1.4倍の電流値を，溶接機として設定すべき電流条件として当時は採用していた。もちろんこの値は散りが発生する溶接電流域に入っている。

　採用する溶接条件の最適化を量産工程の前に完了させ，溶接中は散り発生をモニタ（散りモニタとも呼ばれていた）として溶接状況を確認，溶接後は非破断形のたがね試験で溶接の良さを確認するという，案外完全な品質保証システムが確立されていたことになる。

　ただし，この手法が利用できた理由は，裸鋼板のスポット溶接では，**図3.19**に示す現場用語で"へそ"と呼ばれる突起（第1章の1.4.3項参照）が，スポット溶接を続けると電極の先端に形成され，これが安定に維持されたことにある[3-31]。このへそと呼ばれる電極先端の突起の存在が溶接中の電流変動に対する抵抗力，すなわち，溶接条件に対するロバスト性を与え，溶接の安定化に役立っていたのである。

　この"へそ"の役割とその理由が判明し，それまで"溶接電流"と"電極加圧力"および"通電時間"を総称して抵抗溶接の三大条件と呼ばれていたものが，それ以降，これらに"電極先端形状"を追加して，抵抗溶接の四大溶接条件と認識されるようになった[3-12]。

(2)　第二世代：亜鉛めっき鋼板が導入された時代

　製品（自動車車体）の耐食性改善を目的として，日本でも1950年代初頭から車体の亜鉛めっき鋼板化が始まった。当初は，電気亜鉛めっき鋼板，溶融亜

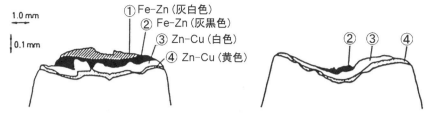

図3.20　合金化亜鉛めっき鋼板を採用した場合の特長—突起が維持できる

鉛めっき鋼板，合金めっき鋼板，ジンクロメタルなど種々の材料が試験的に採用された。しかし，最終的には，鉄と亜鉛の合金をめっき層として利用する合金化処理した溶融亜鉛めっき鋼板（合金化亜鉛めっき鋼板という）を利用することに日本では収束した。

　理由は，めっき鋼板製造時のめっき工程を工夫すると，**図3.20** の合金化処理した溶融亜鉛めっき鋼板を溶接した電極の断面構造に示すように，裸鋼板で役に立っていた電極先端の突起（へそ）が維持できるような亜鉛めっき鋼板が開発されたためである[3-22]。

　この合金化亜鉛めっき鋼板を自動車車体に採用したのは，日本の自動車産業界が世界で初めてである。電極でドレッシングなしに 3,000 打点以上もの連続打点性が実現できた。今でも日本の自動車メーカーはこの合金化亜鉛めっき鋼板を主に採用している。

　しかし，この合金化亜鉛めっき鋼板を採用した場合でも，裸鋼板との混合生産を行うと，裸鋼板の溶接時に突起が取り去られ，せっかくの効果が発揮できなくなる。この結果，電極の急速消耗現象が認められ，日本メーカー製の自動車車体のすべての鋼板にめっき鋼板が採用される場合が多くなった。

　電極突起が維持できるようになった結果，上記の第一世代の裸鋼板で採用した場合とほぼ同じ手法で溶接部の品質保証ができることになった。また，溶接品質の管理には依然として散りモニタが使われた。今でも，スポット溶接部からは激しい散りが飛ぶのが普通と信じられている方が多いかもしれない。

　1980 年頃から製造ラインの NC 化とロボット化（**図3.21** 参照）が本格化され始めると，スポット溶接時に発生した散りがスパッタとなってロボットなどの自動機械可動部へ入り込み，ロボットなどの稼働率を大きく下げるという

図3.21　初期の抵抗溶接ロボットを利用した製造ライン

問題が表面化した。

　また，合金化亜鉛めっき鋼板を用いて板の合いの悪い箇所を溶接し，溶接条件の設定を誤って溶接時に散りが発生すると，"爆飛"と呼ばれる現象[3-33]が起きて溶接部の溶融金属が飛散し，最悪の場合はナゲット部に溶融された金属がほとんど残っていないという状況さえ起こった。それで，溶接作業中に極端な散りが発生する様な溶接条件は避けるようになった。

　これらの関係で，第二世代では，第一世代で活躍した散りモニタの利用ができなくなり，日本でも1970年代から始まっていたインラインの品質モニタリング技術[3-12, 3-34, 3-35]や適応制御技術[3-36, 3-37]に対する関心が高まった。

　散りモニタの代わりとして，溶接電圧（チップ間電圧）モニタリングや溶接部の動抵抗波形（チップ間抵抗）モニタリング，溶接中の電極移動量の測定，アコースティックエミッションの観測など種々のモニタリング手法が研究された[3-12]。しかし，最終的には，簡便で比較的精度良く溶接状態を推測できる方法として，溶接電流と溶接電圧（チップ間電圧）を計測してデータ処理する方法が採用された。

　計測データから，溶接状態を推測する処理アルゴリズムとしては，実験式などを利用する方法，数値計算モデルを利用する方法，当時人工知能技術として脚光を浴びたたニューラルネットワークやファジー論理を利用する方法などが研究された[3-12]。

　最初は，チップ間電圧波形のピーク値[3-38]や電極移動量などのモニタリング

データのうちから1つだけ取り出し，これを特性値として採用して溶接結果（ナゲット径）との対応から回帰式を作成し，溶接品質（ナゲット径）を同定するという試みが行われた。ナゲット形成に大きな影響を与える通電径の時間変化の影響が無視されていたため，**図3.22**にみるように，その推定結果のばらつきは大きく，溶接品質を推定できる範囲は限られていた。

　この問題点を解決したのが，溶接中の通電開始から終了までのチップ間電圧と溶接電流波形を同時に計測し，溶接部の通電径と発熱密度をリアルタイムに同時処理して，ナゲットの生成状況を推算した，いわゆる "ハイブリッドシミュレーション" と呼ばれる方法である[3-39]。この手法では，従来の数値計算シミュレーションプログラムを用いた溶接部の平均固有抵抗の予測値計算と，チップ間電圧を溶接電流で割って求めたチップ抵抗を用いた溶接部通電径の推算情報を組み合わせて，時間増分ごとに溶接部の温度上昇計算を繰り返して行うことによって，ナゲットの生成状況を推算している。**図3.23**に示すように，推定精度がかなり改善された。

　製品としては，モニタリング機能だけのものは市販されず，アダプティブ（適応）制御溶接装置としての形で構成されていた。日本では，数社の抵抗溶接機メーカー[3-40, 3-41]から，チップ間電圧と

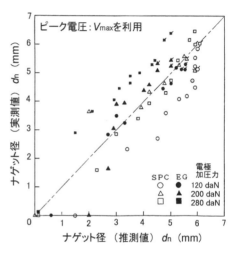

図3.22　チップ管電圧のピーク値だけで推定したナゲット径の推定精度

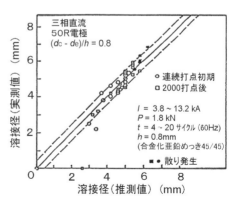

図3.23　溶接電流波形とチップ間電圧波形を入力データとしてハイブリッドシミュレータで推定した溶接径(ナゲット径)の推定精度

溶接電流を計測して独自のアルゴリズムで溶接状態を推定し，溶接電流と通電時間を最適制御する方式のアダプティブ品質制御装置が開発された。欧州では，ドイツの抵抗溶接制御機器メーカー[3-42, 3-43]から，やはりチップ間電圧と電流波形を計測し，電圧と電流の標準波形パターンと比較することによってずれを判断して溶接電流を制御する方式のアダプティブに溶接品質を制御する装置が販売され，広く採用された。

　当時は，電極の消耗につれて低下する電流密度を打点数に応じて設定する電流値を上げるステップアップ制御によって対応しようとする動きもあった[3-44]。電源設備に十分余裕があれば1つの有効な対応手段である。しかし，ほぼ同時に電極を新品に取り替える通常の製造工場では，打点数の増加につれて工場全体の電力使用量が数十％も増加することになるという欠点や溶接条件設定の煩雑さから現在はあまり使われていない。

　この視点は，アダプティブ品質制御を利用する場合にも考えておくべき事項である。電極が消耗していくと，制御装置が溶接電流値を自動的に上げる。このため，結局，上で述べた溶接電流の自動ステップアップ制御と同じ挙動を示すことになる。工場の電源設備担当者にとっては問題がある品質保証の方法に見えてしまう。彼らの視点に立てば，できるだけ一定の溶接電流値設定のままで溶接部の品質保証ができるようになることが望ましい。

　この一定電流設定と品質保証の両立が実現したのは，現場設置形の自動電極チップドレッサ（電極先端の自動研削機）が製造ラインに導入されて以降である。自動電極チップドレッサは1990年頃から実用に供され，それまでの手動ドレッサに比べると研削面の形状再現性が格段に良くなった。今では，スポット溶接の製造ラインに，**図3.24**に示すような電極のドレッシング確認機能を備えた自動チップドレッサの設置が普通

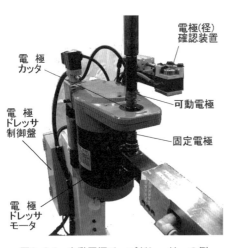

図3.24　自動電極チップドレッサーの例

という状態になっている[3-29]。

　打点数の増加とともに溶接電流の設定値が自動的に増加する溶接電流のステップアップ制御技術や，各打点に溶接電流が変動するインラインのアダプティブ品質制御の技術は日本で使われることは少ない。アダプティブ品質制御装置を導入していたドイツの自動車メーカーでも，最近ではアダプティブ品質制御機能を基本的には使わないで，もっぱら自動チップドレッサを利用して溶接品質の変動を抑えているようである。この電極チップの整形頻度は工場ごとに現場の経験で決めている。（最新の状況は，第1章の1.4.4項を参照。）

　なお，ドイツの自動車メーカーでは非破断形たがね試験に代わる方法として，以前から，超音波パルス反射法[3-12]を用いた非破壊検査が採用されていた。しかし，3.3.3項で説明したように，測定原理から判断してナゲット径の高精度な測定には向いていない。

　結論的に言えば，第二世代の品質保証の最終的な形は，溶接条件の適正化と確実なチップドレッシングという機械的な手法に頼り，溶接打点数の増加につれて設定電流値を増加させるステップアップ制御などは行わずに，溶接電流の設定値は一定に保ったままで品質保証するという方向になったといえる。

　ただし，この第二世代の溶接部の品質判断手法としては，やはり，依然として非破断形のたがね試験が用いられていた。

(3)　第三世代：高張力鋼板および超高強度鋼板が用いられる時代

　旧来の薄板の世界では，350 MPa級程度以上の材料を高強度鋼と呼んできた。しかし，米国自動車技術会（SAE）と米国溶接協会（AWS）が共同で開発し，2007年に発行した米国規格D8.1Mでは，350 MPaを越えるものを中強度鋼，500 MPa級超えるものを高強度鋼，800 MPa級を超えるものを超高強度鋼と規定した。

　500 MPa級を超える高強度鋼板が使用され始めたのは2000年代前半以降，980 MPa級以上の超高強度鋼板が使用され始めたのは2010年以降である。自動車車体の軽量化と衝突安全性の両立を図るためには不可欠な材料として採用された。

　しかし，コラム16で説明したように，板厚や板の組成および製造方法にもよるが，600 MPa級程度以上の材料を用いた溶接部の非破壊検査として非破断形たがね試験を採用すると，引張せん断試験や十字引張試験で十分な強度を

持ち，必要な大きさのナゲット径が確保されているにも拘わらず，非破断形た
がね試験をしたことが原因で界面破断して溶接不良と誤判断してしまう場合が
出てきた。これは，製品の溶接部が不完全とか，悪いというのではなく，試験
にともなって通常起こらないような力を加えて無理に破断させてしまったこと
に原因がある。

　高強度鋼板や超高強度鋼板の非破壊的な品質検査として非破断形たがね試験
が採用できなくなったが，代用となる上記パルス反射型の超音波試験も十分な
精度をもつ試験方法とはいえない。それで，この高張力鋼の採用増加にともな
って，別原理の新しい検査方法の開発が必要となってきた。

　例えば，米国の国立研究所では，赤外線計測を利用するインライン品質モニ
タリング手法の検討が行われた[3-45]。しかし，この方法はまだ実用には至って
いない。学習データの多さのために実用化は難しいのかもしれない。

　一方，第二世代に開発されたチップ間電圧やチップ間抵抗の計測値を品質モ
ニタリング量として用いる研究[3-46, 3-47]は，その実績を見直されて，適応制御
溶接装置としてだけではなく，溶接品質のモニタリング手法として再評価され
始めている。

　また，つい最近では，二次元的アレイ状に振動子を配置した超音波探触子を
ロボットの先端に持たせ，採取したデータを三次元開口合成法で処理し，スポ
ット溶接部を3D観察できる非破壊検査装置がスポット溶接部の自動インライ
ン検査装置として自動車の製造ラインで採用され始めている[3-18]。

　したがって，現時点で実用可能なインライン溶接品質検査手法としては，

　a)　溶接条件の設定パラメータと溶接部から計測されるモニタリングデータ
　　　を利用する，モニタリングパラメータを用いるインライン溶接品質検査

　b)　振動子を二次元アレイ状に配置したマトリックスアレイ探触子を用いた
　　　非破壊検査装置をロボットに組み込んだ溶接部の自動インライン検査

ということになる。以下では，この2つについて説明する。

　なお，可能性としては，3.3.5項で紹介したパルス渦電流試験を用いる方法
もスポット溶接部の状態を非接触で高速に計測できる可能性を秘めている。し
かし，この手法にはまだ具体的な実用例がない。今後の進展を期待したい。

3.4.2　モニタリングデータを用いたインライン検査—溶接品質モニタリング
3.4.2.1　モニタリングパラメータと溶接品質同定手法の分類

　スポット溶接では，溶接作業中に，溶接条件の設定パラメータである溶接電流と電極加圧力，溶接時間の他に，**表3.2**に示す溶接状態を反映する種々の値がモニタリングデータとして計測できる。溶接品質検査するためにこれらのモニタリングパラメータを計測して溶接部のナゲット径を推測または同定する手法は，上の3.4.1項でも述べたように，日本では1970年代から研究が開始された[3-12]。

　これらの研究で採用された同定手法を分類すると，次の4種類になる。

a)　溶接中にモニタリングした溶接条件パラメータとモニタリングデータを，あらかじめ作成しておいた回帰式に代入してナゲット径を推算する，

b)　知識データベースを基にした波形のパターン合わせやファジー論理などを組み合わせて推定精度を上げる方法，

c)　大量のデータで学習させたニューラルネットワーク（いわゆる人工知能

表3.2　スポット溶接中に計測できるモニタリングパラメータ

パラメータの区分	利用可能なモニタリングパラメータの名称	計測方法	モニタリング量の物理的な意味または役割。
溶接条件パラメータ	溶接電流 i	溶接電流計	溶接部の単位時間当りの発熱量を支配。発熱量は RI。
	電極加圧力 P	ロードセル	溶接部の通電径に影響する。
	溶接時間 t_w	時間計測	溶接のための入熱を与えた時間。
状態計測パラメータ	チップ間電圧 v	電極へのリード線の取付け	溶接部の電流密度に平均固有抵抗と総板厚を掛けた値。溶接部の入熱密度を知る指標になる。
	チップ間抵抗 R	$R = v/i$ より計算	溶接部の通電面積（通電径の2乗に比例）を知る指標になる。
	電極移動量（可動側）X_U	レーザ変位計等	溶接部の平均温度上昇の程度を知る指標になる。
	電極移動量（固定側）X_L	ひずみゲージ	固定側アームの剛性が低い場合は固定側も計測して合算する。
	溶接部周辺の表面温度 T_s	放射温度計など	現場の経験則では，ナゲットの出来具合を判断する指標になる。

注記1　これらのモニタリング量は，波形として計測，記録する。
注記2　チップ間抵抗を求める際は，溶接電流による電磁誘導ノイズの影響を避けるために，溶接電流の時間変化がゼロとなる瞬間の電圧と電流から求める。

　　プログラム AI，“エイアイ”と読む）を用いて，溶接品質（ナゲット径
　　など）を推測させる方法，
　d）　コンピュータシミュレーションプログラムで作成した仮想溶接機内で生
　　成されるスポット溶接部でのナゲットの形成状態量が，実際の溶接中の
　　スポット溶接部から観測されたモニタリングデータと一致するように仮
　　想溶接機の動作をフィードバック制御し，直接には見えないスポット溶
　　接中のナゲット形成状態をリアルタイムに推定または同定する方
　　法[3-29]。

　この中で，a）の方法は，図3.22に示したように，推定の精度が良くないだ
けでなく，適用範囲も狭い。通常は，b）〜 d）の方法が採用される。

　上記3.4.1項（2）の第二世代で紹介した適応制御溶接装置（アダプティブ
制御溶接装置）で採用されている手法は，詳細は公開されていないが，溶接部
のナゲット形成状況の推定に，b）に示した知能化データベースに標準波形パ
ターンを組み合わせた方法が採用されているようである[3-42]。一方，日本で発
表された幾つかの方法は，d）に示した方法が採用されている[3-41]。また，米
国の国立研究所から発表された赤外線計測を利用するインライン検査の方法で
は，c）のニューラルネットワーク学習結果を品質保証手段として利用してい
る[3-45]。

3.4.2.2　各同定アルゴリズムの特徴とスポット溶接品同定への適用性
　現在主に採用されているインライン溶接品質検査の手法では，**図3.25** に
示すように，溶接電流とチップ間電圧の計測波形を入力データとし，データの
前処理過程でチップ間電圧波形に対する電磁誘導の影響を回避した状態（後述
3.4.2.6項参照）でチップ間抵抗を求め，**表3.3** に示す4種類の同定アルゴリ

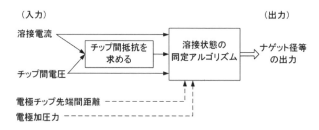

図3.25　溶接品質モニタリングシステムの代表的な構成例

表3.3　溶接状態の同定アルゴリズムの種類と特徴

溶接状態の同定アルゴリズムの種類	回帰式（実験式）を用いる	モニタリングパラメータの時間変化パターンを比較	ニューラルネットワークなどで学習した関係を利用	数値計算シミュレータと連動させて推測する
第1ステップ モデルの作成または学習工程	多数のモニタリングデータとナゲット径などの溶接結果との関係を整理して実験式を作成しておく	適正なナゲットが形成されるときのチップ間電圧やチップ間抵抗の時間変化パターンを参照データとして求めておく	モニタリングデータとナゲットの関係をニューラルネットワークなどのAI手法で学習させておく	板組などを含めて溶接状態を反映する数値計算モデルを作成しておき，少数の実験データでモデルの妥当性を確認しておく
第2ステップ モニタリングデータを用いた溶接状態の同定工程	実験式にモニタリングデータを入力してナゲット径などを推算する。	実測のモニタリングデータを参照データと比較して，ずれの量から溶接状態を推測する。	学習に使用したモニタリングデータを入力して，溶接状態を計算する。	溶接電流を入力し，数値計算モデルで求まったチップ間電圧やチップ間抵抗の実測値とのずれを無くすように各部の通電径を調整して，溶接の状態を計算する
長　所	・手法が簡単 ・現象に対する高度な知識は不要 ・計算は極めて単純で，超高速に処理できる	・実験式を用いた場合よりは結果の信頼性は高い ・比較的汎用性に富むが，Yes-Noの判定になることが多い。	・手法が簡単 ・溶接現象に対する高度な知識が不要 ・学習後の計算は比較的単純で高速処理が可能	・確認データは少数でよい ・モデルがよければ，検証したデータ範囲外でも適用できる ・ナゲット径だけでなく，ナゲット厚さや夏影響部の状態も推測できる
短　所	・あらかじめ実験した範囲内しか適用できない ・推定精度に劣る ・板組などの対象が変われば最初からのやり直しが必要となる	・あらかじめ溶接結果が分かっている範囲にしか適用できないので，板組変更などがあると，その都度，確認のための予備実験が必要となる	・多数の学習データを必要とする ・過学習にしないための工夫が必要 ・基本的には，学習した範囲内しか適用できない	・数値計算モデルの作成に高度な知識が必要とされる ・モニタリングと同時に大量の数値計算を行う関係で，高い演算処理能力をもつデータ処理システムが必要となる

ズム（問題を解くための計算手順）の何れかを利用して，溶接部のナゲット径などの溶接品質を推定している。

　図3.25に示すように，電極チップ先端間距離や電極加圧力の測定値を同時に用いるアルゴリズムの採用も可能であるが，装置が複雑になるためか，現在までのところ，図3.25中の破線で示したモニタリングパラメータを採用した市販装置は実用化されていない。

(1) 実験式を用いる方法

　モニタリングデータの内から特定の代表値を選んで溶接結果との回帰式（実験式）を作成して利用する方法である[3-12]。求められた回帰式は単純な形をしているため，計算処理は高速に行えるが，適用精度に劣る[3-48]。

(2) 波形の標準パターンデータとのずれを調べる方法

　チップ間電圧とチップ間抵抗および溶接電流の時間変化パターンの参照波形（基準となる波形）と比較し，観測値があらかじめ決めておいた許容範囲を超えると，要求値のナゲットができていないと判断する方法である[3-36]。第1章の1.4.1項で説明したように，各溶接作業中の通電径の時間変化（チップ間抵抗から推算）とナゲットの出来具合（チップ間電圧と溶接電流が影響）の評価が同時に行われるため，上の（1）の方法よりは適用性の高い同定結果が得られる[3-46]。

(3) ニューラルネットワークを利用する方法

　最近 ChatGPT（大規模言語チャットポット）として一躍有名になったが，2000 年代中頃から，デープラーニング（深層学習）が注目され，ニューラルネットワーク手法が再認識されるようになった[3-49]。今後注目できる。

　ニューラルネットワークという言葉から分かるように，この手法は，**図3.26** 中に○印で示す神経細胞をモデル化した"ニューロン"（神経細胞モデル）を組み合わせて，入出力システムを構成する方法である。

　ネットワークモデルは，図 3.26（a）に示す階層型と図 3.26（b）に示すリカレント型（再帰型）が基本形となる[3-50]。このネットワークモデルをスポット溶接の品質同定に利用すると上の2つ目の波形パターンとの比較で処理する

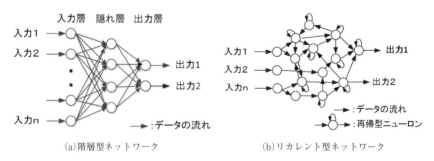

(a)階層型ネットワーク　　　　　(b)リカレント型ネットワーク

図3.26　ニューラルネットワークの学習要素の2形態

内容にさらに経験則も組み合わせ形での自動学習が実現できる[3-29]。

階層型は，一般に馴染みの多い方法である。しかし，時間変化をともなうモニタリングデータに対しては，通電の時間の区分数だけの入力要素（○印で示す神経系の各ニューロンに対応する要素）を増やす必要がある

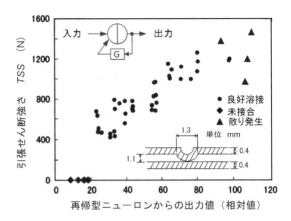

図3.27　再帰型ニューロンモデル採用例

関係で，モニタリングデータの種類の数以上の入力要素を設定することになる。

一方，リカレント型は，各要素での信号伝送の時間遅れを考慮した動作をさせることができるだけでなく，より脳の構造に近い相互ネットワークを構築できる。この関係で，1つの要素で過去の時間情報を保持しながら新しい時間の情報を追加入力できるため，スポット溶接に適用すると，通電時間の区分数だけ入力要素が必要という問題点を避けることができる。

具体的には，出力側から入力側にフィードバックするゲインを調整する機能（実際は学習した減衰率を設定）を追加した再帰型ニューロンを学習要素として適用する。この要素は，抵抗溶接部での熱伝導方程式の解を求める形（発熱量から熱損失を差し引く処理が組み込める形）で動作させることができる。

溶接関係者の間ではこのリカレント型処理方法に馴染みが少ないためかリカレント型の学習要素を研究に用いた報告はまだない。しかし，この学習要素の導入は，ニューラルネットワークの処理システムを簡単化でき，汎用化できる可能性を秘めている。

図3.27 に，図中に示す再帰型ニューロンを1個だけ学習要素として用い，入力データとして有効電力の値を計測し，この1個のニューロンに連続的に入力して溶接終了時のこの学習要素からの出力値を求め，この出力値と溶接結果を対比した例を示す。図中に示した例はプロジェクション溶接部の品質同定に用いたものであるが，リカレント型ニューラルネットワークを採用すると

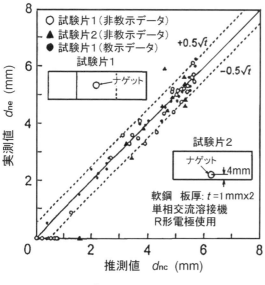

わずか1個のニューロンモデルを用いるだけでも案外正確に品質同定できていることがわかる[3-51]。今後，スポット溶接部への適用が待たれる。

　図3.28に，3層の階層型ニューラルネットワークを用いた学習で作成した同定アルゴリズムを用いて，実際のスポット溶接部のナゲット径の推定をした例を示す[3-52]。適用できる板組は学習し

図3.28　階層型ネットワークの利用例

た範囲内という制限はあるものの，ニューラルネットワークの係数を決めるために学習に利用したデータ（教示データ，黒丸で表示。学習データともいう）範囲はもちろんのこと，同じ形の試験片1を用いた溶接結果（学習には使用しなかった非教示データ，白丸で表示），および試験片中での溶接位置が異なる試験片2の溶接部（板端近くに溶接した非教示データ，黒三角で表示）に対しても適用できている。ニューラルネットワークを用いる方法は案外汎用性に富む可能性が高い。最近も研究が進められている[3-53]。

(4) 数値計算シミュレータを併用する方法

　チップ間電圧と溶接電流のモニタリングデータの計測と同時に，電磁誘導の影響を除いたチップ間電圧波形と溶接電流波形から求まる真のチップ間抵抗の値を用いて溶接部の通電径を推算し，併せて溶接部の電流分布や発熱分布，温度分布を計算するアルゴリズムをコンピュータ内で走らせ，コンピュータ上でナゲットの形成状態を間接的に同定しようとする方法[3-53]である。

　リアルタイム（実時間）に計算処理できるアルゴリズムでは，図3.29に示すように，数値計算に用いる要素の数を大幅に少なくし，このコンピュータ内で求められた通電径の値と溶接部の平均温度から，ナゲット径を推測する方

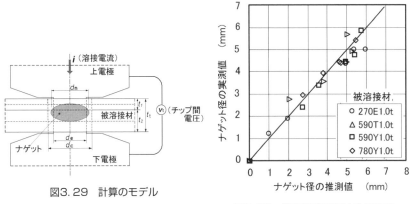

図3.29　計算のモデル

図3.30　数値計算利用法の適用例

法が採用できる[3-54]。この方法を用いて，軟鋼から高強度鋼板までの各種鋼板スポット溶接部のナゲット径を推測した結果を**図3.30**に示す。この方法は，**図3.31**に示すように，材質と板厚の異なる鋼板を3枚重ねの場合にも適用範囲の拡張が容易にできる[3-54]。

　データ処理の計算を後熱通電後まで続けると，後通電中の溶接部の温度履歴も推定できる。CCT図（後熱処理で溶接部の組織と硬さを推測するために利用する図）を組合せることで，後熱処理後の溶接組織や硬さも同定できる。

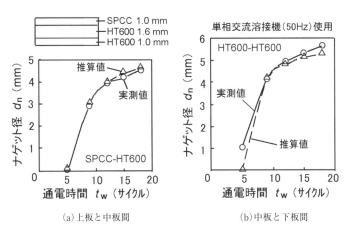

(a)上板と中板間　　　　　　　(b)中板と下板間

図3.31　異なる板厚と材質を組合せた3枚重ね部への適用例

　さらに，散りの発生が溶接部の過熱現象が原因と仮定すると，溶接部の平均温度がある基準値を超えたときに散りが発生することになるので，この同定プログラムを用いて散り発生の予測も併せて可能となる。そして，この予測情報を活用すると，散りの発生を自動的に抑制できる適応制御型スポット溶接制御装置が実現できる。

　この数値計算を併用する方法では，図3.29のモデルに入力したのと同じモニタリングデータを，数値計算モデルに用いる溶接部と電極部のメッシュを細かく切ったプログラムに入力し，オンラインで接続したコンピュータで計算処理すると，案外短時間で計算処理ができ，溶接部のナゲット径やナゲット厚さだけでなく，ナゲットの形状や熱影響部（HAZ）の形状も併せて推算できる。（旧式のパソコンでも処理時間は数分以内。）**図3.32**に，軟鋼2枚重ね（板厚：1 mm）をスポット溶接した場合の適用例を示す[3-48]。

　本項で紹介した上記（1）～（3）の方法は，学習に利用した被溶接材料に対して学習した溶接条件範囲内でしか適用が保証できないが，ここで説明した方法（4）は，使用する物性値や板厚を変更することで，かなり汎用的に利用できる。この数値シミュレーションを併用する方法は，データ処理装置に計算能

■コラム19　ナゲット成長過程を実験的に確かめる方法

　スポット溶接でのナゲットの成長過程は，溶接時間の設定を推奨条件値ではなく，例えば1サイクル毎（交流溶接機を用いる場合）や20 ms毎（直流溶接機を用いる場合）に変えて，本来の溶接時間より少し長くなるまでの実験を繰り返して行い，得られた試験片の断面試験を行って求めたナゲット径とナゲット厚さ，その時の溶融径や溶融厚さを示すデンドライト組織として残っている部分の径や厚さを1枚の図にまとめると，ナゲットの成長曲線が描ける。また，接合界面の通電径はコロナボンド径の値で，板−電極間の通電径の値は溶接部表面の残された圧痕の径で代表すればよい。これらの通電径の値は近似値ではあるが，状況を把握するためには十分な情報を与えてくれる。

　実験では，幾つかの溶接時間で行ったデータを用いるので，横軸の時間の表示を溶接時間と書いてもよい。しかし，グラフの意図は溶接時間を変えることによってナゲットの形成状況がどう変化するかを見たいことにあるので，横軸の時間を条件設定パラメータの"溶接時間"と区別したい場合は，"通電時間"とするか，"通電開始からの時間"と表示する方がよい。

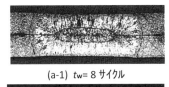

(a-1) t_w= 8 サイクル

(a-2) t_w= 12 サイクル

(I=7.4kA, P=225daN, t=1mmx2
合金化亜鉛めっき鋼板)
写真中の破線は, 計算による
ナゲットとHAZの推測形状

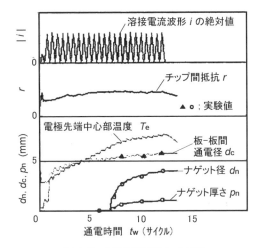

(a)ナゲット断面での比較 　　　(b)ナゲット形成過程推定への適用

図3.32　モニタリングデータを併用したナゲット形成状況のシミュレーション

力が高いコンピュータシステムを採用する必要があるのが難点である。ただ
し，現在市販されているパーソナルコンピュータ用の CPU を組み込んだデー
タ処理システムを採用すれば，スポット溶接作業の直後に溶接結果が表示でき
るという程度のリアルタイム性は実現できるようである。

　また，ナゲット形状や熱影響部形状も併せて推算するという詳細モデルを組
み込んだ図 3.32 に示したような計算処理のリアルタイム化も，近年のコンピ
ュータの計算処理速度の長足の進歩を考えると，それほど遠くない時期に実現
できると想定される。

3.4.2.3　モニタリングパラメータの種類と役割

　スポット溶接中に計測できる溶接状態計測のためのモニタリングパラメータ
としては，"チップ間電圧"，"電極移動量" およびチップ間電圧波形と溶接電
流波形からデータ処理して求める "チップ間抵抗"，ならびにスポット溶接時
の電極先端周辺部の "表面温度" などがある[3-26]。これらのモニタリングパラ
メータは状態計測パラメータとも呼ばれている。旧来の報告[3-55] では，溶接中
に溶接部から発生する音（アコースティックエミッション）もこの状態計測パ
ラメータに加えられていたが，実用化できる見込みはないので，ここでは省い
た。電極チップ内に小型の超音波素子を組み込んだ方法[3-56] も検討されている

が，実用されなかった。

　溶接電流と電極加圧力および溶接時間も溶接中に計測できるパラメータであるため，これらもモニタリングパラメータとして扱う場合も多い。しかし，この3つのパラメータはスポット溶接を行うための溶接条件設定パラメータである。溶接条件設定パラメータとして分けて考えるのが望ましい。

　上述したように，状態計測パラメータのうち，チップ間電圧とチップ間抵抗という2つがスポット溶接での溶接状態を同定するためのモニタリングパラメータとして現在では主に利用されている。これは，チップ間電圧が溶接部の平均発熱密度に対応していること，チップ間抵抗が溶接部の通電面積（通電径の2乗に比例。ナゲットが形成されたときはナゲット径より少しい大きな値になっている。）を推算するのに役立つためである。この2つの値に加えて，発熱量に直接関係する溶接電流値と熱の蓄積および放散に関係する時間情報（通電時間）の変数として計測し，あらかじめ学習させて作成した経験式や実験式，数値計算シミュレーションプログラム（AIプログラムを含む）などを組み合わせてスポット溶接中のナゲット形成状態をリアルタイムに推測するのが，モニタリングパラメータを用いたインライン溶接品質管理の代表的な手法となっている。

　現在，欧米で主に実用されている適応制御型のスポット溶接機は，上記2つの状態計測パラメータと溶接電流をモニタリングしてリアルタイムに溶接品質を同定し，その後の溶接電流値を自動的に制御するようになっている。

　電極移動量は，溶接品質モニタリングの研究が開始された当初は非常に注目された[3-55, 3-57]。物理量として，溶接部の平均温度上昇を代表する溶接部の熱膨張量に関係するので，溶接部の出来具合を直接推察できると想定されたためである。

コラム20　溶接時間と通電時間の使い分け

　"溶接時間"は，溶接条件設定パラメータとしての溶接電流を流す時間をいう。これに対し，"通電時間"というときは，一般に，溶接電流を流し始めた時点から通電を継続した時間の長さをいう。設定値と計測値の違いと理解するとよい。

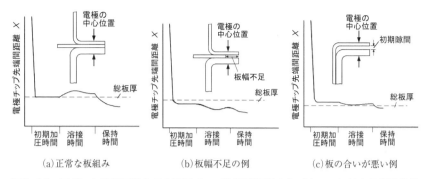

図3.33 スポット溶接工程中での電極チップ先端間距離変化パターンに対する板組状態
の影響(図は,空圧式溶接機を用いた例を模式的示したものである)

しかし,現実は,溶接部の温度が上がると,この溶接部が軟化し,肝心のナ
ゲットが形成される直前から電極が溶接部にめり込むため,慎重に利用しない
と物理的な意味が損なわれる可能性の高い計測量である。しかも,押し込み量
(圧痕のくぼみ深さ)には電極先端形状が影響するので,同じ径のナゲットが
形成されていても電極の消耗につれて計測値が変化してしまう欠点をもつ。そ
れで,最近では,溶接品質のモニタリング量としては,ほとんど用いられてい
ない。

しかし,被溶接材を挟まない状態をゼロ点として電極移動量を測定する,す
なわち電極チップ先端間距離を測定すると,溶接部の総板厚値の確認や板の合
いが悪いかどうかをインラインで確認する手段として利用できる。例えば,**図
3.33** (a) に示すような正常な板組部を溶接する場合を基準として,初期加
圧時間中の電極チップ先端間距離を調べると,設計通りの板厚の組み合わせに
なっているかどうかの確認ができる。また,溶接部の板幅不足や板の合いが悪
いと,図3.33の (b) や (c) に示すように,初期加圧時の電極チップ先端距
離が総板厚値とは違った値になる。さらに,溶接中の電極移動の仕方が正常な
板組の場合とは異なる[3-58]ので,問題の原因探求に役立つ。

初期加圧時間中を含む溶接中の電極チップ先端間距離の変化パターンを観測
すると,板組の板厚間違いだけでなく,板組の間違いも確認できる。旧来,電
極移動量モニタと呼んでいた手法を少し見直すと応用の可能性が広がる。

電極に接する溶接部表面周辺の温度上昇も,慣れれば,溶接の出来具合が判

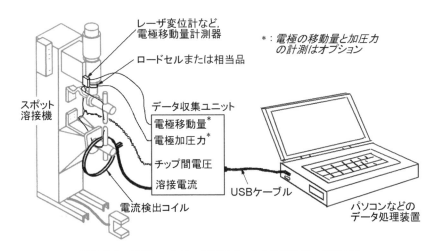

図3.34　各種モニタリングパラメータの計測位置と計測方法

断できるといわれており，光ファイバー放射温度計による計測でこの可能性が確かめられている[3-59]。また，赤外線カメラを用いた研究成果も報告[3-26]されている。しかし，適正な観察位置を常に確保することやその設備コストを考えると，現場での実用化はまだしばらく難しそうである。

3.4.2.4　モニタリングパラメータの計測方法

　図3.34に，スポット溶接で行える各種モニタリングパラメータの計測位置と計測方法を模式的に示す[3-60]。溶接電流はトロイダルコイルと呼ばれる電流検出コイルを溶接機の二次側回路（溶接機のアーム部など）に挿入して計測する[3-61]。

　溶接変圧器の二次側にトロイダルコイルを組み込んだ装置も市販されている。チップ間電圧はできるだけ電極先端で計測するのが望ましい。これは電極部の抵抗だけでなく，電極ホルダやアーム部の抵抗も無視できないためである。しかし，電圧検出線は，図3.34中に示すように，作業性の関係で電極アームに沿って引き回す必要がある。このような配線でチップ間電圧の計測を行うと，図3.35に示すように，計測された電圧波形には，溶接電流の変動にともなう電磁誘導の影響を受けて発生した誘起電圧分が重畳されている[3-55]。

　これは，溶接機の二次回路とチップ間電圧の計測回路の間に相互リアクタンスが存在するためである。

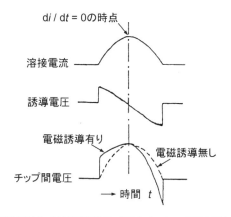

di / dt = 0の時点

溶接電流

誘導電圧

電磁誘導有り

電磁誘導無し

チップ間電圧

→ 時間 t

図3.35 溶接電流による誘導電圧に起因したチップ間電圧波形のひずみ

このような状態で誘起電圧の影響を受けないチップ間抵抗の計測を行うためには，電流の時間変化率がゼロになる瞬間（数式では di/dt=0 と表現）に，電圧を計測すればよい。

この考えが使える根拠は，チップ間抵抗は，通常，比較的緩慢に変化するためである。電流の時間変化率がゼロのときのチップ間電圧のみを計測し，このときの電圧と電流値から抵抗を計算し，この抵抗値だけを連ねても，ほぼ正しいチップ間抵抗波形を求めることができる[3-61]。

もちろん，交流電源を用いる場合は，電圧と電流の1サイクル分の計測値を積分し，溶接電流に起因して発生する電磁誘導による電圧の影響を除去することが理論的にはできる。しかし，この方法は1サイクル分の間，抵抗値と相互インダクタンス値がまったく変わらないことを前提にしている。通常は半サイクル内でも真のチップ間抵抗が少しだけ変化していることが多いので好ましい方法とはいえない。

計算処理能力が高いデータ処理装置を利用できる場合は，各半サイクル毎に計測された電流と電圧の波形のずれ量を演算することで抵抗成分とインダクタンス成分をほぼリアルタイムに分離して求めることができる[3-54]。

電極加圧力は，加圧力アクチュエータ（例えば，エアシリンダ）側または下電極アーム部にロードセルまたは加圧力センサを取り付けて計測する[3-55]。加圧力センサの種類によっては，溶接電流による電磁誘導ノイズの影響を受け

る。このノイズはチップ間電圧のような方法では処理できない。信号フィルタなどによるノイズ低減またはノイズ除去が必要となる。近年，電極加圧機構として採用が増えている電気サーボガンを採用している場合は，サーボガンに取り付けたサーボモータのトルク値を読み取ることによって電極加圧力の値を知ることができる。

　電極移動量の計測には，以前は差動トランスを利用した方法が採用されていた。今は，三角測量の原理を応用したレーザ変位計が採用できる[3-62]。

　下アームの剛性が低い場合は，下アームのたわみ量にも溶接部の熱膨張の影響が現れる[3-62]。この場合には，上側の可動電極側の移動量（表3.2中の X_u）の計測に加えて，下アームに貼り付けたひずみゲージなどを用いて計測した下アームのたわみ量から換算した下電極側の移動量（表3.2中の X_L）も計測し，合算した値で電極チップ先端間距離（X）を求めればよい。

3.4.2.5　チップ間抵抗を求める場合のデジタルデータ計測上の注意点

　図3.34に示したデータ計測ユニットには，溶接電流やチップ間電圧というアナログデータを，コンピュータで利用できるデジタルデータに変換するためのAD変換器（アナログ−デジタルデータ変換器）が組み込まれている。装置としては，入力データ数と同じ数のAD変換器を準備してすべてのモニタリングデータを同時にサンプリングし，同時にAD変換して計測する同時サンプリング方式と，1個のAD変換器を用いて一定時間間隔で入力回路を切り替えて，サンプリングとデータ変換を順次繰り返して計測する順次サンプリング方式とがある。

　後者の順次サンプリング方式では，各モニタリングデータは計測時期が少しずつずれながら計測されるため，各データの計測時期には時間差がある。

　チップ間抵抗値を求める場合のように，計測する電圧と電流の同時刻性が要求される場合には，同時サンプリング方式の採用が基本的には推奨される。しかし，サンプリングデータの計測順序を工夫すると，後者でも同時刻性が実現できる。

　具体的にチップ間電圧と溶接電流からチップ間抵抗を計算する場合を例にすると，チップ間電圧を計測する時刻の前後のサンプル時刻に溶接電流を各1つ計測し，2つの電流データの平均値を用いてチップ間電圧の計測時刻に対応する溶接電流値を決める手法を採用するとよい[3-60]。この方式を利用すると，入

力チャンネルの切替回路とサンプリング回路を内蔵した比較的安価な逐次比較型 AD 変換器がデータ変換装置として採用できる。

　ただし，同時刻性を確保して計測データを求めても，溶接電流の変化率がゼロの時期以外のチップ間電圧の測定値にはインダクタンス成分が加算されている。これを除去するためには，溶接電流の変化率がゼロの時期に加えて，その前後の時期の数組のデータも併せて計測し，3.4.2.4 項で説明した抵抗成分とインダクタンス成分をリアルタイムに分離して求める計算処理が必要となる。

　なお，各種モニタリングパラメータの物理的意味と計測データの処理方法に関する注意事項の詳細については附録 3 を参照されたい。

3.4.3　超音波を用いたインライン検査—インライン超音波検査

3.4.3.1　超音波を用いた三次元画像としての物体内部の可視化手法

　超音波を用いた物体内の三次元可視化手法としては，図 3.4（c）に示したフェーズドアレイ探触子を用いて，集束形ビームをスキャンさせながら観測する手法の応用がまず思い浮かべられる。医療機関で人体の検査に使用されている方法である。人体では，内部での音響インピーダンス（コラム 17 参照）の急変化部が少ないため，フェーズドアレイ探触子を用いても全体を見渡すことができる。

　これに対して，金属の溶接部で検査対象となるブローホールや割れ，スポット溶接部で検査すべきシートセパレーションなどのすき間（空間）となる部分が存在すると金属部と空間部の音響インピーダンスは大きく異なるため，**図3.36** に示すように，金属中を伝搬した超音波はこれらの表面で反射して透過しない。

　金属で作られた構造物では，ブローホールや割れなどの陰に隠れたものを観察することができないという制約がある。この陰（かげ）のことを，非破壊試験用語では，"音響的かげ" と呼んでいる[3-63]。

　このかげの問題を避けるためには，四方八方から収束ビームを照射して観察すること

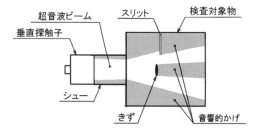

図3.36　金属の超音波検査での音響的かげ

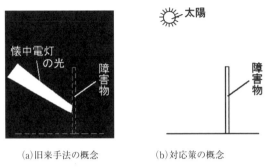

(a)旧来手法の概念　　　　　(b)対応策の概念

図3.37　超音波を用いた旧来の観測手法の問題点と対応策

が必要となる。フェーズドアレイ探触子を用いてより正確な三次元画像を得るためには，収束ビームを単に平行移動させるだけでは不十分である。この収束したビームを三次元的に振らせながら，ビームの発生位置を移動させることが必要となる。そして，これらの情報を合成して，始めて，音響的かげの影響を少なくした観測が可能となる。これには，かなりの計測時間と膨大な計算処理が必要となる。

　これは，図3.4に示した探触子を用いた旧来の観測手法は，**図3.37**（a）に示すように，闇夜に懐中電灯で障害物を探しているために生じたものである。この手法で，図3.36中に示すきずなどの位置と形状を精度良く計測するためには，送信ビームの焦点位置でのビーム径（ビームウェスト径）を細く絞る必要がある。しかし，このビームウェスト径を細く絞ると，コラム22に示すように焦点深度が浅くなる。この関係で，検査対象物の板厚方向にも焦点位置を変えた走査が必要となり，分解能を上げると計測所要時間はさらに長くなる。

　一方，図3.36（b）に示すように，全体が照らされた日中のような状態がもし超音波試験で実現できれば，受信側のデータ処理だけで，検査対象内での三次元画像が得られることになる。視野を限った計測が実現できる光学系でいえば，いわゆる三角測量をすれば，位置と形状が正確に求めることができることになる。

　しかし，超音波の受信機能では光学系のように視野を絞った観測はできない。対応策としては，幾つかの固定した観測所での地震波の観測結果から地震

の震源を求めるのと類似な，いわゆる観測されるまでの時間差で各観測所から震源までの距離を求め，3ヵ所以上の時間データを用いて震源の位置を求めるというような時間差を計測する手法が必要となる。

　また，全体を照らす光源としての超音波の発生は，コラム21で説明するように，超音波を発生する振動子の寸法を小さくすると簡単に実現できる。アレイ形探触子に組み込まれた各振動子は小さいのでこの条件を満たす。これを送信源とし，順に発振させれば，図3.37（b）に示したような全体を照らすのと等価な音場が実現できる。

　このような考えを，高度化して，縦・横に二次元的に振動子を配列したマトリックスアレイ形の探触子を用いた超音波検査手法が，開口合成法を利用した3D超音波検査手法[3-64]として自動車会社の製造ラインでスポット溶接部の検査のために近年利用され始めた。

3.4.3.2　開口合成法を用いた物体内部の3D可視化の手順

　前項で示した開口合成法は，本来，離れた位置にある複数の電波望遠鏡（開口）で観測し，各電波望遠鏡で受信された信号の位相差を検出（合成）することによって発信源の位置の分解能を高めるために開発された手法である[3-65]。

　スポット溶接用のインライン3D超音波検査手法は，この開口合成法の技術を基にして開発されたが，最新版では，開口合成モード以外にフェーズドアレ

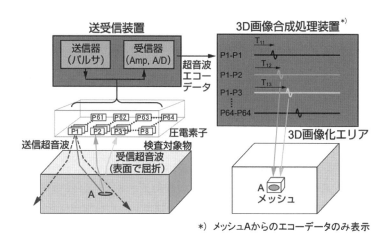

図3.38　スポット溶接用のイライン3D超音波検査の方法

コラム 21　超音波振動子のサイズと超音波ビームの拡がり

図3.4（a）に示した標準形の探触子から送信された超音波は，近距離音場限界距離を超えた後，**図C.5** に示すように，指向角 θ をもって拡がる。近距離音場の限界距離Nが（C.3）式[3-66]で決まる関係を利用すると，この指向角 θ は（C.5）式として求まることになる。

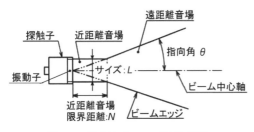

$$N = \frac{kL^2 f}{4c} \qquad (C.3)$$

$$\mathrm{Tan}\,\theta = \frac{2c}{kLf} \qquad (C.4)$$

ここで，k は係数，振動子の形が正方形の場合は 1.37[3-65]，c は音速，f は周波数，L と N は，図C.5参照。

図C.5　超音波ビームの拡がり特性

（C.4）式は，超音波を発生させる振動子のサイズが小さくなると，サイズに反比例して超音波ビームが拡がるようになることを意味している。3.3.3項で説明した従来形探触子の振動子の大きさが 10 mm 程度であるのに対して，マトリックスアレイ探触子に組み込まれている各1個の振動子の大きさは 1 mm 程度[3-64]と小さい。

これは，アレイ形の探触子に組み込まれている各振動子から送信される個々の超音波ビームは拡がり角がかなり大きくなることを意味している。

図3.4（c）に示したフェーズドアレイ形で，複数個の振動子の振動位相を制御して収束ビームとして動作させているのは，アレイ形の個々の振動子である 1 mm 程度以下のサイズの小さな振動子から送信されるビームの拡がりはかなり大きくなるという問題点があり，これを解消するためと理解できる。

イモードも併せて利用できるようになっている[3-69]。

マトリックスアレイを用い，データの収集・解析方法として開口合成法を利用した場合の計測方法の概念を**図3.38** に示す[3-66, 3-69]。

この計測システムでは，寸法 1 mm 角の振動子が8行×8列に並んだマトリックス配置の探触子（プローブともいう）を採用し，広い指向角を持った超音波を各振動子から送信し，音響インピーダンスの急変する空洞部や板間の界面から反射した信号を全振動子で受信し，各振動子の座標位置情報と受信した超

コラム 22　集束ビームモードにおける焦点位置でのビーム径と焦点深度

図3.4（b）に示した集束形探触子から送信された超音波は，**図C.6**に示すように，焦点位置で一旦ビームが集束した後拡がるという光ビームと同じ挙動を示す[3-67]。

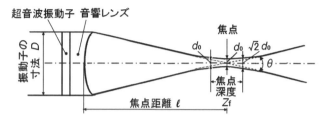

図C.6　集束形超音波ビームの焦点位置のビーム径と焦点深度

簡単な説明図では，焦点位置でビーム径の大きさがゼロとなる，図C.6中の点線のような表現を用いて説明する。しかし，実際は，焦点位置でもビーム径がゼロになることはない。ある大きさ d_0 をもつ。この焦点位置でのビーム径 d_0 のことをビームウェスト径と呼ぶ。そして，光ビームの世界では，ビーム径が焦点位置のビーム径の $\sqrt{2}$ 倍になる（ビーム断面積で2倍になる）までの範囲を焦点深度の目処としている[3-68]。このビーム径が $\sqrt{2}\,d_0$ となる位置での点線で示した場合の直径の値は，ビームウェスト径と同じ d_0 となっている[3-68]。

図C.6に示したビームウェスト径 d_0 と焦点深度 Z_f の値は，それぞれ，（C.5）式および（C.6）式として求められる[3-67, 3-68]。

$$d_0 = \frac{k_1 \ell \lambda}{D} \qquad\qquad (C.5)$$

$$Z_f = \frac{2\ell d_0}{D} \qquad\qquad (C.6)$$

ここで，k_1 は1程度の大きさの定数，ℓ は焦点距離，λ は波長，D は振動子のサイズ／直径。

上の式は，フェーズドアレイ方式を用いて集束した場合にも適用できる[3-67]。

音波信号の遅れ時間から，超音波信号の反射位置を開口合成法により高精度に同定し，検査対象物内の肉眼では見えない様子を可視化している[3-69]。この手法では，検査対象物内での音速は一定と仮定してデータが処理されている。

具体的には，

1)　まず検査対象物を細かな 3D メッシュ要素から構成されていると想定
　　し，座標位置が決まっている振動子 P_i から超音波を送信した場合，
　　例えばメッシュ A から超音波が反射された場合の振動子 P_j でこの反
　　射信号を受信する迄の時間 T_{ij}（A）計算しておく。

2)　振動子 P_1 から送信された場合に残りの振動子 P_j での受信した時間を
　　調べ，その遅れ時間が T_{1j}（A）になった場合にメッシュ A の画像デ
　　ータを順次加算する。T_{1j}（A）にならない場合は加算しない。（図
　　3.38 右上の図を参照。図は P1 から送信した場合の受信波の観測例を
　　示す。）

　図には，メッシュ A の場合だけを示しているが，実際には，検査対処内に
3D メッシュを切って，すべてのメッシュに対して同じことを繰り返すので，
並列計算処理が行える高性能な演算処理装置が使用されている。ただし，実際
の運用で処理すべきデータ数は 64×64（＝4096）よりは少なくても良いよう
である[3-66]。

　各メッシュに加算された値の分布を三次元表示すると，検査対象物内での音
響インピーダンスの急変化部，すなわち，ブローホールや板間のシートセパレ
ーションの位置や境界が 3D で可視化できることになる[3-66]。

3.4.3.3　マトリックスアレイ探触子を用いたスポット溶接部の検査手順

　この検査システムでは，検査結果を数秒以内というほぼリアルタイムに表示

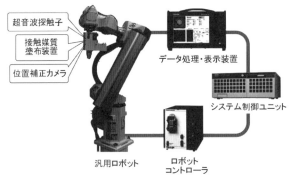

(a)システムの構成　　　　　　　　　(b)検査ヘッド部の例

図3.39　3D超音波検査システムを用いたスポット溶接検査ロボット

(a)手動で検査する場合

(b)スポット溶接検査ロボットを利用する場合

図3.40 3Dスポット溶接検査の手順

できるだけでなく, マトリックスアレイ探触子を採用した関係で, 探触子 (超音波プローブ) の傾きを画面で確認できる機能が付いている[3-71]。この機能は, 検査作業者の負担を減らすだけでなく, 検査プローブをロボットに搭載した場合の自動検査で威力を発揮する。図3.39に, このシステムをロボットに搭載した場合の例を示す[3-71, 3-73]。

この例では, 検査部表面と探触子との界面に存在する空気層による超音波の反射を避けるために観察部の表面にグリセリンなどの液体接触媒質 (カプランとも呼ばれる) を塗布して検査する方式が採用されている。しかし, 最新の報告[3-72]では, 固相の接触媒質が採用できるように改良されている。

図3.40に, 液体の接触媒質を利用して, 各スポット溶接部を検査する場合の手順を流れ図の形で示す。スポット溶接部の表面に接触媒質液を塗布した後, 探触子 (超音波プローブ) を溶接部表面に当て, 図3.39中に示したデータを処理・表示する装置の画面を見ながら傾きを調整して溶接部の超音波計測を開始する。

ロボットを用いて自動で検査する場合は, 溶接点の位置を探して測定位置を合わせるためにカメラによる溶接位置検出装置が組み込まれ, 接触媒質の添加位置と探触子の位置が調整される[3-71]。また, 探触子の傾きも自動で調整される[3-71]。

その後, 超音波計測が行われ, 図3.39に示したデータ処理・表示装置の画面に, 接合径 (ナゲット径ではない。コロナボンド径に対応), 溶接部の板厚 (被溶接材料の合計板厚ではない), 溶接部のくぼみ深さなどが数値として表示

される。また，最近の機種では，溶接部が未接合状態か，基準以下の小径溶接部，要求径をもつ溶接部であるかの判定結果に加えて，圧接状態の溶接部かの区別が言葉で表示される[3-71]。

3.4.3.4　開口合成法を用いた可視化手法の適用限界と期待される適用対象

この手法では，3.4.3.2項で述べたように，検査対象物内での音速を一定と仮定してデータを処理しているため，スポット溶接部のコロナボンド径とナゲット径の区別は原理的にはできない。このため，上でも述べたように，接合径として表示されている値は，溶融して形成されたナゲット径ではなく，ナゲット径の外側に存在する圧接部を含めたコロナボンド径である[3-70]。

この関係で，**図3.41** の各写真の左上に示すCスコープ画像で見ると，ナゲットが形成されていない（b）図の場合とナゲットが形成されている（c）図の場合の観測結果が，一見同じような測定結果として画面表示される[3-34]。

このCスコープ画像での問題点は，当初からこの計測方法の実用化に際した課題になっていた[3-64, 3-70]。しかし，その後の研究でこの問題点は解決され，現在では各画面の右上の窓に示す判定結果で区別できるように改良されている[3-71]。

対処方法は公開されていないので，正確なことはいえないが，

1) ナゲットが形成されるとくほみ深さが深くなる，

2) Bスコープ画像の違いやAスコープデータの減衰率の違いで判別する，

3) デンドライト組織となるナゲット生成部と圧接状態になるコロナボンド部では，金属組織の違いに起因して音速の値が異なる[3-75]。この違いを，フェーズドアレイモードを利用して確認し，圧接状態かナゲット生

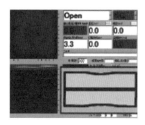 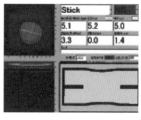 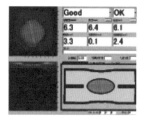

　　(a)未接合状態　　　　　　　　(b)圧接状態　　　　　　(c)ナゲットがある場合

図3.41　観測結果のCスコープ表示画面の対比

表3.4　マトリックスアレイ探触子を利用した超音波検査の特徴

検査項目	外観検査	溶接品質モニタリングの利用	数値計算シミュレーションを連動させる方法	マトリックスアレイ探触子を用いた超音波検査1)	注記 JIS Z 3140で規定されている観察方法
表面のバリ（表散り）	○	×	×	△	——
表面の割れおよびピット	○	×	×	△	外観試験
表面の付着物	○	×	×	△	——
表面の変色	○	×	△	×	——
くぼみ深さ	○	×	△	○	くぼみ試験
圧痕径	○	×	△	○	くぼみ試験
ナゲット径	×	○	○	△	断面試験
ナゲットの溶込み率	×	×	△2)	×	断面試験
コロナボンド径	×	○3)	○	○	断面試験
圧接状態かナゲット有りの接合かの区別	×	——	○	○4)	——
まったく接合していないという判断	×	——	○	○	——
溶接部での割れの位置と大きさ	×	×	×	○	断面試験
ブローホールの位置と大きさ	×	×	×	○	断面試験
ナゲット部の金属組織	×	×	△	△/×	断面試験
溶接部の硬さ分布	×	×	△	×	硬さ試験
中散り発生の有無	×	○	○	△	——

凡例：○：適用可能，△：適用の可能性はある，×：適用は不可能，
　　　△/×：可能性はあるが難しい，——：検討対象外
注1）データ処理手法として開口合成法を採用した場合。
注2）くぼみ深さが正しく推算することができれば可能。
注3）必要があれば求めることはできるが，通常は出力すべき対象とはしていない。
注4）開口合成モードだけでは，原理的に区別が難しい。他の方法の併用が必要。

　　　成済みかを判別する，

　4）　これらの方法を組み合わせて判断する。

のいずれかで，判定しているものと想定される。

　表3.4に，このマトリックスアレイ探触子を用いた3Dスポット検査装置の機能と適用性を，前項で示した溶接品質モニタリングの方法と対比して示す。

　表中に記載している“数値計算シミュレーションを連動させる方法”は，溶

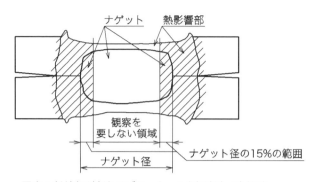

ナゲット　熱影響部

観察を
要しない領域

ナゲット径

ナゲット径の15%の範囲

図中の斜線部が割れやブローホールを観察すべき領域

図3.42　JIS Z 3104に規定された割れやブローホールを観察すべき領域

接品質モニタリング手法の拡張版で，品質モニタリングのデータをオンライン
で中央コンピュータに転送し，スポット溶接部のナゲット形成状況をさらに詳
しく同定する手法を組み込んだものと理解されたい。

　表に示すように，それぞれの手法には適用できる機能に制限があり，溶接部
の外観検査および溶接品質モニタリングとその拡張手法，ならびにここで説明
した超音波検査を用いた方法を組み合わせると，JIS Z 3140で規定されてい
る，スポット溶接部に対する要求事項（表3.4の右端の列を参照）の大部分を
インラインで検査できることになる。

　特に，マトリクスアレイ探触子を用いた3Dスポット溶接検査の方法は，溶
接部の割れやブローホール発生の有無だけでなく，位置も正確に検出できる可
能性を有している。この手法は，まだ開発過程にあるので，今後，割れやブロ
ーホールの位置および大きさを表示できる機能が付加されることが期待され
る。今後の展開を期待したい。

　また，JIS Z 3140で規定されている溶接品質の要求事項では，図2.34に示
したように，ナゲット周辺部に発生している割れおよびブローホールだけを記
録するように規定されている。ここで紹介した3Dスポット溶接検査装置はこ
の要求にも対応できる。読者の便を考えて，図2.34を**図3.42**としてここに
再録しておく。

引用文献

第 1 章
1-1) W. エドワーズ デミング，ウィキディア・フリー百科事典
1-2) 日科技連，QC サークル活動とは，http://qc-circle.jp/business.html
1-3) A. W. Shewhart, 1939. Statistical Method from the Viewpoint of Quality Control. Department of Agriculture. Dover, 1986, page 45. www.praxisframework.org/en/library/shewhart-cycle
1-4) W. E. Deming, Out of the Crisis, MIT press, 1989, p. 75
1-5) 溶接学会編，新版　溶接・接合技術入門，産報出版，2008, p. 216
1-6) 溶接学会編，新版　溶接・接合技術特論，産報出版，2005, p. 293
1-7) J. F. Krafcik, Triumph of the Lean Production System, MIT Slone Management Review, Fall 1988, pp. 41-52
1-8) JIS Q 9001: 2015, 品質マネージメントシステム一要求事項，図 2
1-9) 日本の ISO 9001 認証取得企業数の推移，http://gcerti.jp/iso9001-kigyosu-suii
1-10) ISO 支援ネットの活動記録，ISO 9001 は必要か？ ISO をやめた企業とその理由，https://shiennet.com/blog2017/wordpress/?p=890. ISO 認証を返上する企業が増加している？ 返上の理由や方法を解説，https://kaminashi.jp/blog/iso-return
1-11) 日本溶接協会，資格認証・認定制度のご案内，www.jwes.or.jp/jp/shi_ki/ninnsyou/index
1-12) 松山欽一，高橋靖雄，長谷川和芳，抵抗溶接の基礎と実際，産報出版，2011, p. 105
1-13) 松山欽一，加瀬充，はじめてのスポット溶接，産報出版，2022, p. 69, pp. 103-105
1-14) Barbara Wheat; Partners, Publishing. Leaning into Six Sigma: The Path to Integration of Lean Enterprise and Six Sigma, 2001, Mike Carnell, Chuck Mills, Barbara Wheat, Leaning Into Six Sigma: A Parable of the Journey to Six Sigma and a Lean Enterprise, 2003
1-15) 近藤正恒，グローバル生産に対応する自動車ボデー溶接技術一自動車産業の溶接工程に携わる技術者への備忘録一，溶接学会誌，88-8, (2019), pp. 591-593
1-16) ISO/DIS 14732: 2023 ドラフト，ISO/TC44/SC11/WG5, Doc. N. 62 (2023)
1-17) トヨタ自動車 75 年史，トヨタ自動車の 2 つの柱，www.toyota.co.jp/jpn/company/history/75years/data/automotive_business/products
1-18) 北側彰一氏からの私信
1-19) 日経 XTECH，大部屋が持つ 3 つの機能——「組織の壁を破壊」，「課題を早期解決」，「意思決定を迅速化」，https://xtech.nikkei.com/dm/article/COLUMN/2013031
1-20) 田口玄一，品質工学の歩みと現状，品質工学，1-1, (1993), pp. 8-14
1-21) 松山欽一，加瀬充，はじめてのスポット溶接，第 3 章，産報出版，2022
1-22) 鳥居，田村，田中，金原，点溶接用電極チップの消耗の特徴と寿命工場の一方法，溶接学会・抵抗溶接研究委員会資料，RW-28-74 (1974)
1-23) 斉藤，高橋，スポット溶接における電極寿命について，溶接学会・抵抗溶接研究委員会資料，RW-373-88 (1988)
1-24) 館林和夫，品質工学をどう説明するか？ (1) ～ (5)，品質工学，1993, No. 1, pp. 15-22, No. 2, pp. 14-21, No. 3, pp. 12-18, No. 4, pp. 15-22, No. 5, pp. 14-19。最適化としての概念を表題として示している例としては，嘉指伸一，宮崎勇，パラメータ設計による自動はんだ工程の最適化，品質工学，1994, No. 3, pp. 25-32
1-25) 松山欽一，加瀬充，はじめてのスポット溶接，産報出版，2022, p. 192
1-26) 加瀬充氏からの私信
1-27) 溶接学会軽構造接合加工研究委員会編，薄鋼板及びアルミニウム合金板の抵抗スポット溶接一抵抗スポット溶接現象とその応用，産報出版，(2008), p 89
1-28) 松山欽一，高橋靖雄，長谷川和芳，抵抗溶接の基礎と実際，産報出版，2011, p. 231
1-29) Kin-ichi Matsuyama, Influence of test specimen size on the tensile shear strength of spot welds. AWS Sheet metal conference XVII, 2016, Paper 4a-5
1-30) 佐藤次彦，片山襄一，三国純次，多点スポット溶接継手の応力分布と疲労強度 (II) 一疲労強度実験の結果一，溶接学会誌，Vol. 51 (1982), No. 1, pp. 37-44
1-31) 電気溶接機部会編，抵抗溶接 Q&A，スポット溶接を中心に，日本溶接協会，(2002-06)
1-32) 溶接学会・抵抗溶接研究委員会編，抵抗溶接現象とその応用 (I)，スポット溶接 (上)，溶接

学会，（1982）
1-33）松山欽一，スポット溶接の品質保証技術，溶接学会誌，Vol. 83（2014），No. 8, pp. 10-23
1-34）松山欽一，加瀬充，はじめてのスポット溶接，産報出版，2022, p. 104

第 2 章
2-1）JIS Z 3140: 2017，スポット溶接部の検査方法及び判定基準
2-2）松山欽一，高橋靖雄，長谷川和芳，抵抗溶接の基礎と実際，産報出版，（2011），p. 234
2-3）奥田滝夫，スポット溶接入門〈増補版〉，産報出版，（2014），p. 108
2-4）溶接学会・軽構造接合加工研究委員会編，薄鋼板及びアルミニウム合金板の　抵抗スポット溶接．産報出版，（2008），p. 64
2-5）JIS Z 3001-6，溶接用語—第 6 部 抵抗溶接
2-6）中村孝，浜崎正信，点溶接におけるナゲット生成機構の研究，ナゲットに発生するリング模様について，溶接学会誌，Vol. 37（1968），No. 1, pp. 84-94
2-7）K. Matsuda, S. Kodama, Evaluation of corona bond area strength of resistance spot welding, Paper RS-3, Presentation at International Symposium on Joining Technology in Advanced Automobile Assembly 2018（2018）
松田和貴，児玉真二，抵抗スポット溶接コロナボンド部の強度評価，溶接学会・全国大会講演概要，#306, No. 103（2018-9），pp. 240-241
2-8）抵抗溶接現象とその応用（I），スポット溶接・上，（社）溶接学会・抵抗溶接研究委員会資料，#7, pp. 102-105，（1982）
2-9）JIS Z 3139，スポット，プロジェクション及びシーム溶接部の断面試験方法
2-10）ISO 17677-1: 2019, Resistance Welding - Vocabulary - Part 1: Spot, Projection and Seam Welding,（2019）
2-11）AWS, D8.1M, Specification for automotive welding quality - Resistance spot welding of steels
2-12）JIS Z 3136: 抵抗スポット及びプロジェクション溶接継手の（引張）せん断試験に対する試験片寸法と試験方法
2-13）JIS Z 3137: 抵抗スポット及びプロジェクション溶接継手の十字引張試験に対する試験片寸法と試験方法
2-14）JIS Z 3138: スポット溶接継手の疲れ試験方法
2-15）ISO 18592, Resistance Welding - Destructive Testing of Welds -Method for the Fatigue Testing of Multi-spot-welded Specimens
2-16）ISO 14323, Resistance Welding - Destructive Testing of Welds - Specimen Dimensions and Procedure for Impact Tensile Shear Test and Cross-Tension Testing of Resistance Spot and Embossed Projection Welds
2-17）松山欽一，里中忍，スポット溶接での引張せん断強さに対する試験片寸法の影響について，溶接学会・軽構造接合加工研究委員会資料，RW-648-2018
2-18）ISO 14273, Resistance Welding - Destructive Testing of Welds - Specimen Dimensions and Procedure for Tensile Shear Testing Resistance Spot and Embossed Projection Welds
2-19）能勢二郎，田中甚吉，佐藤之彦，樺沢真事，高張力薄鋼板のスポット溶接特性，溶接学会・抵抗溶接研究委員会資料，RW-149-78（1978）
2-20）ISO 14372, Resistance Welding - Destructive Testing of Welds - Specimen Dimensions and Procedure for Cross Tension Testing of Resistance Spot and Embossed Projection Welds
2-21）ISO 14270, Resistance Welding - Destructive Testing of Welds - Specimen Dimensions and Procedure for Mechanized Peel Testing of Resistance Spot, Seam and Embossed Projection Welds
2-22）中村孝，金属疲労の基礎知識，鋳造工学，Vol. 79（2007），pp. 58-69
2-23）ISO 14324, Resistance Spot Welding - Destructive Tests of Welds - Method for the Fatigue Testing of Spot Welded Joints
2-24）小嶋啓達，水井直光，福井清之，川口喜昭，塚本雅敏，自動車用薄鋼板の高速引張試験と部材軸圧潰試験，住友金属，Vol. 60（1998），No. 3, pp. 31-4
2-25）長谷川和芳氏からの私信
2-26）日本金属学会編，金属データブック（改訂 3 版），丸善，p. 286, 1993

2-27) ISO 14271, Resistance Welding - Vickers Hardness Testing（Low-Force and Microhardness）of Resistance Spot, Projection and Seam Welds

2-28) ISO 18278-1: 2022, Resistance welding - Weldability - Part 1: General requirements for the evaluation of weldability for resistance spot, seam and projection welding of metallic materials

2-29) ISO 14327: 2004, Resistance welding - Procedure for determining the weldability lobe for resistance spot, projection and seam welding

2-30) 日本溶接協会・電気溶接機部会文献，抵抗溶接 Q&A―スポット溶接を中心に，2002-06，pp. 56-57

2-31) 松山欽一，抵抗溶接時の"チリ"発生を考える，溶接技術，Vol. 50（2002），No. 3, pp. 93-98

2-32) 西口，松山，整流式スポット溶接機を用いたスポット溶接現象に関する研究（第 1 報），溶接学会・抵抗溶接研究委員会資料，RW-282-84（1984）

2-33) 日本溶接協会規格，WES 1107: 1992，鋼板用スポット溶接電極の寿命評価試験方法，（1992）

第 3 章

3-1) ISO 14373, Resistance welding - Procedure for spot welding of uncoated and coated low carbon steels

3-2) JIS Z 3144, スポット及びプロジェクション溶接の現場試験方法

3-3) ISO 10447, Resistance welding -- Testing of welds -- Peel and chisel testing of resistance spot and projection welds

3-4) ISO 17653, Resistance welding - Destructive tests on welds in metallic materials - Torsion test of resistance spot welds

3-5) 電気溶接機部会・技術委員会編，抵抗溶接 Q & A，―スポット溶接を中心に―，日本溶接協会，p. 86（2002）

3-6) 近藤正恒，溶接接合教室，4-9 溶接・接合技術の適用（自動車），溶接学会誌，Vol. 79（2010），No. 8, pp. 42-51

3-7) 満丸，大澤，峯，小野，冷延鋼板のスポット溶接継手のたがね試験法，日本大学生産工学部第 34 回学術講演会資料，（2001-12）

3-8) ISO 14270, Resistance welding - Destructive testing of welds - Specimen dimensions and procedure for mechanized peel testing resistance spot, seam and embossed projection welds

3-9) 横野泰和，溶接構造物の非破壊試験技術，溶接学会誌，Vol. 79（2010），pp. 9-24，非破壊検査の種類と特徴，溶接学会誌，Vol. 59（1990），No. 6, pp. 18-21

3-10) JIS Z 2300: 2009，非破壊試験用語

3-11) 秋山哲也，関谷武一郎，寺崎俊夫，里中忍，ディフォーカスレーザ加熱によるスポット溶接ナゲット形状の推定，電子情報通信学会論文誌 D，Vo. 183-D,（2000），pp. 907-917

3-12) 里中忍，スポット溶接部の品質モニタリングと品質検査方法に関する調査・検討 WG 報告，溶接学会・軽構造接合加工研究委員会ワーキンググループ報告，pp. 99-208, 1998

3-13) JIS Z2330: 2012,（4. 1. 3），非破壊試験－漏れ試験方法の種類及びその選択

3-14) 木村孝，ナゲットグラフィー，溶接学会・軽構造接合加工研究委員会資料，MP-205-97（1997）

3-15) 佐藤明良，非接触超音波探傷検査による複合材構造のはく離評価，IHI 技報，Vol. 48（208-9），No. 3, pp. 165-169

3-16) 立川逸郎，里中忍，山本光治，集束探触子による薄鋼板抵抗スポット溶接部の超音波試験，溶接学会論文集，Vol. 6（1988），No. 2, pp. 109-114

3-17) Olympus IMS, 超音波フェーズドアレイ検査の歴史，www.olympus-ims.com/ndt-tutorials/

3-18) 牛島彰，斉藤真拡，松本真，非破壊検査で省人化と信頼向上に貢献するスポット溶接検査ロボット，東芝レビュー，Vol. 74（2019），No. 4, pp. 25-28

3-19) 超音波スポット溶接検査装置，スポット溶接プローブ　N20 シリーズ WEB カタログ，www.mateck.co.jp

3-20) 例えば，石川登，藤盛紀明，分割型探触子による中板スポット溶接部の探傷，清水建設研究所報告，No. 24, 1975-04

3-21) 里中忍，高島敏英，寺田光治，西脇敏博，河野勇雄，超音波を利用したスポット溶接部のナゲットおよびコロナボンド部の非破壊評価，溶接学会・軽構造接合加工研究委員会資料，MP-154-95（1995）

3-22) 里中忍，西健治，西脇敏博，河野勇雄，局所水浸法によるスポット溶接部の超音波試験，溶接学会論文集，Vol. 15 (1997), No. 1, pp. 58-63

3-23) T. Ikeda, H. Karasawa, S. Matsumoto, S. Satonaka, C. Iwamoto, Development of new inspection technology for spot welds using matrix arrayed ultrasonic probe, International Institute of Welding / C-III, Doc. III-1343-05 (2005)

3-24) 高田一，北濱正法，広瀬智行，池田倫生，西村恵次，自動車ハイテン材スポット溶接部の高信頼性非破壊評価技術の開発，まてりある，Vol. 48 (2009), No. 2, pp. 79-81

3-25) 里中忍，サーモグラフィ法を用いたスポット溶接径の測定とスポット溶接の品質保証，溶接技術，Vol. 44, No. 3, pp. 84-90

3-26) Z. Feng, Nondestructive Inspection of RSW of AHSS by Infrared Thermography, Report of International Symposium on Advances in Resistance Welding, American Welding Society, 2014-04 in Atlanta

3-27) 宋楠楠，金属構造物の低周波磁気非破壊検査方法の研究開発，岡山大学大学院・自然科学研究科博士論文。P. 37, 2017-03

3-28) 日本高圧電気，ナゲットプロファイラーのご紹介，2014

3-29) 松山欽一，スポット溶接部の品質保証技術，溶接学会誌，Vol. 83 (2014), No. 8, pp. 10-23

3-30) フレッシュマン講座，抵抗溶接の制御・管理 2011，SAMPO WEB

3-31) 鳥居，田村，田中，金原，点溶接用電極チップの圧壊現象について，抵抗溶接研究委員会資料，RW-28-74 (1974)

3-32) 斎藤，高橋，スポット溶接における電極寿命について，抵抗溶接研究委員会資料，RW-373-88, (1988)

3-33) スポット溶接性に関する基礎研究分科会報告，スポット溶接性から見たプレス成形部材の許容隙間について，抵抗溶接調査研究会活動報告，溶接学会，(1994), p. 117

3-34) 吉田，中尾，自動車車体工場におけるスポット溶接部の品質保証とその問題点，溶接学会誌，Vol. 11, (1975), p. 881

3-35) 仲田，西村，大谷，玉出，電極チップ間抵抗による溶接部通電路面積のリアルタイム計測，溶接学会誌，Vol. 2 (1984), p. 253

3-36) 天沼，抵抗スポット溶接の品質モニタと制御方式

3-37) 仲田，西村，抵抗スポット溶接における適応制御—電極チップ間抵抗およびチップ間電圧によるナゲット形成の制御—，抵抗溶接研究委員会資料，RW-175-80 (1980)

3-38) 仲田ら，抵抗スポット溶接部の品質モニタ・品質制御システムの性能評価指針，抵抗溶接調査研究委員会資料，RWS-99-88 (1988)

3-39) 松山，西口，佐藤，抵抗スポット溶接でのナゲット径と通電径推定へのモデル規範形モニタリングシステムの適用，軽構造接合加工研究員会資料，MP-5-88 (1988)

3-40) 例えば，中川，「人に，地球にやさしい」抵抗溶接機をめざして，溶接技術，Vol. 46 (1989), No. 3, p. 87

3-41) 例えば，西田，藤井，上玉利，抵抗溶接品質モニタリングから品質制御へ，溶接技術，Vol. 43 (1986), No. 3, p. 89

3-42) U. Matuschek, K. Poell, Spot welding with adaptive process control IIW Doc. III-1346-05 (2005)

3-43) R. Bothdfeld, IQR-quality recognition system for spot welding, IW Doc. III-1344-05 (2005)

3-44) 妻藤，コンピュータによる抵抗溶接の集中管理，溶接技術，Vol. 26 (1978), No. 3, p. 47

3-45) Z. Feng, Nondestructive Inspection of RSW of AHSS by Infrared Thermography. Report of International Symposium on Advances in Resistance Welding, AWS, 2014-04 in Atlanta

3-46) 西畑ひとみ，穴山和孝，鈴間俊之，泰山正則，溶接品質モニタリング手法（第 1 報），溶接学会・平成 24 年春期全国大会講演概要，2012-04, #429
及び，木原英行，大塚弘之，寺崎秀紀，小溝祐一，福井清之，抵抗スポット溶接のリアルタイム品質判定法，平成 24 年春期全国大会講演概要，2012-04, #430.

3-47) 木原，大塚，寺崎，小溝，福井，抵抗スポット溶接のリアルタイム品質判定法，溶接学会講演概要，2012 年春期全国大会資料，#431

3-48) 松山欽一，抵抗溶接用統合型品質保証システムについて，溶接学会・軽構造接合加工研究員会資料，MP-441-2008, 2008

3-49) 佐藤彰，伊與田宗慶，北野萌一，中村照美，ニューラルネットワークによる 2 段通電抵抗スポ

ット溶接部ナゲット径予測モデルの構築，溶接学会誌，90-3（2021），pp. 188-193

3-50）西川禕一，北村新三，ニューラルネットと計測制御，朝倉出版，pp. 11-18, 1995

3-51）藤井孝治ら，抵抗溶接機用インプロセス制御装置の応用と展開，溶接技術，Vol. 49（2001），No. 3, pp. 84-88

3-52）松山欽一，坂本英司，抵抗スポット溶接品質モニタリングへのニューラルネットワークの適用，溶接学会・軽構造接合加工研究員会資料，MP-179-96（1996）

3-53）K. Matsuyama, Capturing Monitoring Data during Resistance Welding, 5th International Seminar on Advances in Resistance Welding, #5-1, 2008-09

3-54）K. Matsuyama, Integrated Quality Management System for Resistance Spot Welding, Proc. of Sheet Metal Welding Conference XI, AWS Detroit Section, #6-5, 2008

3-55）天沼克之，抵抗溶接品質モニタリングの現状，現場溶接技術者のための抵抗溶接入門講座テキスト，溶接学会・軽構造接合加工研究員会，1993, pp. 59-84

3-56）柴田薫，伊賀上光隆，青木裕志，せん断超音波を用いた通電中のスポット溶接状態の計測，第1報，溶接学会秋期全国大会予稿集，2011-11, ID: 104

3-57）抵抗溶接品質モニタ・品質制御システム分科会報告，抵抗スポット溶接部の品質モニタ・品質制御システムの性能評価指針，抵抗溶接調査研究会活動報告書，溶接学会・軽構造接合加工研究員会資料，pp 57-105, 1994

3-58）スポット溶接性に関する基礎研究分科会報告，スポット溶接性からみたプレス成形部材の許容隙間について，抵抗溶接調査研究会活動報告書，溶接学会・軽構造接合加工研究員会資料，pp 117-150, 1994

3-59）西田貴之，伊輿田宗慶，光ファイバー温度計を用いた抵抗スポット溶接部の温度履歴計測，溶接学会・全国大会講演概要，#327, No. 98（2016-04）

3-60）松山欽一，抵抗スポット溶接での初期接触抵抗モデルの新しい推定手法，溶接学会・全国大会講演概要，#313,（2007-04）

3-61）K. Matsuyama, Current Measurement in Resistance Welding, Proc. of Sheet Metal Welding Conference XI, AWS Detroit Section, #3-2, 2004

3-62）大関宏夫，抵抗溶接における電極加圧力の測定方法，溶接学会誌，Vol. 85（2016），No. 4, pp. 46-49

3-63）JIS Z 2300: 2020，非破壊試験用語，日本産業規格

3-64）T.Ikeda, H. Karasawa, S.Matsumoto, H. Isobe, T. Nakamura, Spot weld inspection by 3Dultrasonic image system, IIW C-III document, III-1494-08（2008）

3-65）ウィキペディア。開口合成法，https://ja.wikipedia/wiki/開口合成

3-66）Olympus IMS, Evident，超音波フェーズドアレイチュートリアル，従来型超音波探触子のビーム特性，www.olympus-ims.com/ja/ndt-tutorils/ characteristics/

3-67）Olympus IMS, Evident，超音波フェーズドアレイチュートリアル，フェーズドアレイプローブのビーム収束，www.olympus-ims.com/ja/ndt-tutrial/transducers/ focusion/

3-68）B.A.Saleh, M.C.Teich, Fundamentals of photonics, Wiley, 2019, pp. 80-86

3-69）阿部素久，唐沢博一，ポータブルタイプ3D超音波検査装置　Matrixeye，東芝レビュー，Vol. 60（2005），No. 4, pp. 48-51

3-70）T. Ikeda, H. Karasawa, S. Matsumoto, S. Satonaka, C. Iwamoto, Development of new inspection technique for spot welds using a atrix arrayed ultrasonic prove. IIW C-III, III-1343-05（2005）

3-71）牛島彰，齋藤真拡，松本真，非破壊検査で省人化と信頼性向上に貢献するスポット溶接検査ロボット，東芝レビュー，Vol. 74（2019），No. 4, pp. 25-28

3-72）高橋宏昌，千葉康徳，齋藤真拡，岸伸亨，松本真，スポット溶接自動検査システム，溶接学会・軽構造接合研究委員会資料，MP-736-2024（2024）

3-73）Toshiba Clip，自動車産業に変革をもたらす！　スポット溶接検査ロボットとは，Toshiba Clip, 2019/09/04, www.toshiba.clip.com/detail/p=272

3-74）東芝検査ソリューションズ，3D超音波検査装置（Matrixeye）高速スポット溶接検査用MatrixeysVI，www.toshiba-insp-sol.co.jp/product/supersonic/high_spot.html

3-75）里中忍氏からの私信

附　　録

附録 1　自動車産業の視点で見た品質管理と生産システム発展の歴史

1　自動車産業での品質管理の特徴

　スポット溶接を多用して製品を造っている自動車産業では，少なくとも数分以内で1台の製品（車）を完成させる大量生産方式が採用されている。車種や販売状況によって変化するが，現在の標準的な量産ラインは，本文中の1.3.1項で説明したように，1週間で5,000台，1ヵ月で20,000台もの完成車を生産する能力がある。

　このような大量生産方式の製造現場では，一旦品質の不具合が発生すると大量の不具合が短時間に発生し，不良品の山ができる。例えば，良品率が99.5%とほぼ100%に近い品質管理状態でも，1日に5台の製品不良が発生し，これらの手直しが必要となる[1]。

　手直し作業には多数の熟練作業員が必要となるため，1日当たりに手直しできる限界は，通常の工場配置要員では，この5台が限界とされている[1]。

　不良率を，上記の0.5%から0.1%に改善できれば，1日当りの不良品発生は1台となり，手直し作業の要員の大幅削減に役立つ。

　手直し作業を上記の許容限以内に抑えるためには，不良品が発生し始めると直ちにラインを止める工夫をしておくことが役立つ。例えば，トヨタ自動車では，1960年中頃から，"アンドン"という表示板を設置して全生産ラインを同時に緊急停止できる方式を採用している[2]。

　また，このような大量生産工場では，不良品が大量に発生してから対策を施していても遅い。すなわち，橋梁や造船，ボイラーなどの厚板産業で活用されている品質管理方式である "検査で品質を確保する" という考えは通用しない。

　自動車産業では，"品質は量産が始まる以前につくる"，すなわち，"品質は製造前につくり込む" ことが肝要となる。基本的には，不良品を発生させない仕組みを全社一丸となってつくりあげ，これを常に維持・成長させていくことが肝要となる。

　表A.1に示す，我が国および世界の品質管理技術の発展経緯をまとめた表中に示したトヨタの動き（1950年から1980年）を見られると，この理想の状態を実現するために，如何に長い年月をかけて，継続的な改善作業が行われて

表A. 1　近代品質管理技術の発展史

	世界の動き	日本の動き	トヨタの動き
	シューハートが管理図を，ダッジとロミッグが抜取検査表を発表し，統計的品質管理（SQC）が始まる（1920 年代後半）		
	シューハートがサイクル図を発案（1939）ISO 9001 に書かれている PDCA 図の出発点		豊田自動織機製作所に自動車部門を設置（1933）
1940		日本科学技術連盟設立 QC 普及活動を開始（1946）	
		増山元三郎：実験計画法大要を発刊（1948）	
	ISO（国際標準化機構）発足（1947）		
		デミングによる統計的手法を用いた品質管理手法講習会（1950）	検査関係者に QC 教育を開始（1951）
		PDCA サイクル図をシューハートサイクルとして説明	創意くふう提案制度開始（1951）
		第 1 回デミング賞（1951）増山元三郎博士受賞	
		田口玄一：二段階設計でクロスバー交換機を世界に先駆けて開発（1957）後に，パラメータ設計と呼ばれる	
			乗用車専門工場稼働開始（1959）
1960		田口玄一：デミング賞受賞（1960）	ジャストインタイムの採用（1960）
	ファイゲンバウム：TQC を提唱（1961）日本の TQC とは定義が異なる		トヨタで TQC の概念導入（1961）
		田口玄一：実験計画法を発刊（1962）	
		石川馨の指導の下に QC サークル本部を日科技連内に開設（1962）	"品質は工程で造りこむ"（1962）ホカケヨ運動開始（1962）"かんばん"の採用（1963）
		PDCA が日本で流行（1960 年代）	
			TQC でデミング賞受賞（1965）"アンドン"を設置した自動化（自働化と呼ぶ）を開始（1966）
		国内で QC 活動が普及	
	日本製品の品質が世界に認められる（1970 年代）		
			全行程の標準化作業開始（1975）
1980	米国 NBC が，日本の技術発展に対するデミングの功績を放送（1980）		ラインの NC 及びロボット化（1980）
	デミングがフォードで指導（1981）		
		田口玄一：フォードでパラメータ設計手法を講演（1983）"タグチメッソド"	"基本の徹底"を開始（1982）

表A. 1　近代品質管理技術の発展史(続き)

	世界の動き	日本の動き	トヨタの動き
	トヨタ生産システムが注目される		
		石川馨：フォードで TQC を講演（1983）	
	スミスによるシックスシグマ（SS）の開発（1986）とその普及 品質管理規格として ISO 9001 発行（1987）管理手法として PDCA サイクルを活用。 溶接は技能が必要となる"特殊工程"に区分。 米国で TQM の概念が出始める（1980 年後半） 米国で国会品質改善法が公布される（1987）		
	トヨタ生産方式が MIT でリーン生産方式と名付けられる（1988）	ISO 9000 認証取得ブーム（1990 年代）	新車種開発に大部屋方式を採用（1990 年初頭頃）
		品質工学フォーラムが発足（1993）	トヨタ基本理念を発表（1992）
		品質工学会に名称変更（1996） タグチメッソド普及のための組織	TQC を TQM に進化させる（1995）
		日科技連：TQC を TQM と変更（1996）	
2000			
	ウィートがリーンシックスシグマの概念を紹介（2001）		トヨタウェイ 2001 を公開
	ブリューがデザインフォーシックスシグマ（DFSS）を提案（2002）		統合品質管理 TQ-NET の運用開始（2003）
	"特殊工程"という用語を ISO 9001 から削除（2008）		
	統計的手法を用いる場合のガイドライン ISO／TR18532 の制定（2009）。実験改革法を含む。		
	シックスシグマ利用ガイドライン ISO 13053 制定（2011）		トヨタウェイ 2011 を公開
	タグチメッソド利用ガイドライン ISO 16336 制定（2014）		
	情報化時代に対応して ISO 9001 の抜本的改正（2015）		
2020	顧客満足度まで含めた品質の機能開発工程，その目的利用者及びツールに関する ISO 16355 の開発（2021）		トヨタウェイ 2020 を公開

きたかが分かる。

　彼らは，構造設計，生産設計および使用材料，工具，装置などの仕様や設定を事前に十分に吟味・精査し，品質工学でいわれている"ノイズ"[3]（製品品質のばらつきを生じさせる外乱）さえ無ければ，不良品発生確率ゼロを目指した生産システムの設計と製品の構造設計，製造工程の改善ができるはずという，いわゆるロバストネスと呼ばれる"ノイズ"に対する頑強性を持った品質管理手法の構築に長年奮闘して確立してきた。

2　品質管理と生産システム発展の歴史

　科学に立脚した近代的な品質管理（QC と略す。Quality control）技術である統計学に立脚した統計的品質管理（SQC と略す。Statistical quality control）技術は，1920 年代に米国ベル研究所で行われた，製造工程の安定性と製品の品質改善を実現するために統計学を応用するという一連の研究成果の賜である。

　品質や製造工程の安定性を可視化するのに用いるシューハートの"管理図"（プロセス動作チャートともいう。1926 年に発表[4]），ダッジとロミッグの"抜取検査表"（1929 年に発表[5]）の完成によって，この近代的な品質管理技術が実用化された。1931 年には，シューハートがこれらの成果をまとめた書籍を発行し[6]，米国での生産の安定性改善の基礎を築いた。（表 A.1 参照）この出版物については日本でも当時から知られていたようである[7]。

　その後シューハートは，設計／仕様→生産→検査という一方通行であった流れを，検査結果を次の設計の改善につなげて循環形で品質改善を進めるという形に改良し，これを 1939 年に提案した[8]。この方式はシューハートサイクルの原形といわれる。PDCA サイクル[9] として知られている考えの基になったものである。その後，検査工程と次の設計工程の間に評価の工程を追加して，今日的な形の PDCA サイクルを完成させた。

　1950 年以前は，"安かろう，悪かろう"と揶揄されていた日本製品の品質が安定し，向上し始めたのは，日本科学技術連盟の要請に応えて，1950 年 6 月から 8 月にかけてデミングが行った，シューハートらが確立した統計的品質管理手法に関する一連の講義の内容が周知されて以降である。この講演の受講対象者は，技術者だけでなく経営者，学者も含まれていた。日本の品質技術改善に特に役立った講義は，同年 8 月に箱根で行われた"経営者のための品質管理

コラム 1　PDCA サイクルとは

　"Plan（計画）→ Do（実行）→ Check（確認）→ Act（改善）→（元に戻って）Plan →" の作業を繰り返して業務の品質を継続的に改善する手法。1960 年代に日本で広まり，1987 年に制定された ISO 9000：品質マネージメントでは基本的な品質管理手法として取り入れられている。

　製造業の立場で見ると，"Plan" は設計および仕様の作成，"Do" は製造工程に当たる。"Check" は，製造後の製品の試験・検査に対応し，"Act" は結果の評価ということになる。なお，"Act" を "Action" と標記することもある。また，最近の米国では "Act" の代わりに "Adjust（調整）" という用語が "A" の部分に当てられる場合が出てきている。これは，筆者の前書[11] の "校正と較正の違い" で説明したように，改善を実現するためには単なる行動ではなく，調整作業を行う必要があるためである。

講習会 1 日コース"[10] であったとのことである。

　現在，デミングサイクルとして有名な PDCA サイクルを，デミングは "シューハートサイクル" と教えた。ただし，後年，彼が執筆した書籍（1989 年発行）では PDSA サイクルと名称を変更している[12]。理由は，PDCA サイクル中に書かれている "Check" は，生産工程 "Do" の成果である製品を試験・調査・検査をして問題点の有無や原因を探ることにあるので，本来の趣旨を生かすためには "Study（研究）" というべきと考えたようである。

　日本では，1960 年代に "PDCA サイクルを回す" という言葉が品質管理の標語のように使われ，日本製品の品質向上に大いに役立った。

　日本の多くの出版物（例えば，溶接管理技術者のためのテキストである溶接・接合技術入門[13] や溶接接合技術特論[14]）では，"日本型の品質管理・品質保証のアプローチはボトムアップ型で，欧米のトップダウン型とは異なる" という書き方が一般的にされている。ただし，この考えが適用できるのは，実は，QC サークル活動が盛んになった 1960 年代後半以降のようである。

　当初は，講師のデミングの意図を反映したトップダウンの指示・指揮の下に，現場がボトムアップ的に尽力し，全社一丸となって品質改善に邁進したようである。現在では欧米流と理解されている全社的品質管理（TQC と略称。Total quality control）の原型が，実は日本で既に機能し始めていたとも考え

ることができる。

　統計的品質管理（SQC）で培われた品質改善技術を，トップの指示の下で全社的に展開する TQC が米国で開発されたのは 1961 年である。GE のファイゲンバウムによって提唱された。トヨタは，それまでに確立していたシステムの概念を表す言葉として直ぐにこの新しい用語を採用したようである。

　デミングを招請し，日本の品質技術改善の基礎を築いた日科技連でも，日本の TQC の父と言われた石川馨博士の指導の下に QC（品質管理）活動を始めた。1962 年には日科技連が主導して QC サークル活動を開始している。

　ただし，日本の TQC はファイゲンバウムが提唱した TQC とは本質で異なる。"部門の垣根を越えて会社全体が一丸となって品質改善を進める形は同じでも，具体的には，日本では，現場の従業員一人ひとりが主体となって品質管理に取り組む活動" と解釈された。

　日科技連が推し進めた QC サークル活動は，デミング賞の選定権と相まって，その後順調に全国展開された。

　日科技連では，1960 年代後半から，この QC サークルを支援するために，パレート図，特性要因図，グラフ，チェックシート，ヒストグラム，散布図，管理図，層別などのツールの整備を行っている。そして，これらの成果によって，1970 年代までには，QC サークル活動が日本に定着したようである。

　この成果として，現場作業者によるボトムアップがうまく機能し始めると経営者らのトップダウンの役割は低下していったようである。そして，企業トップを含めて，会社全体で PDCA サイクルを回すという考えが薄くなり，現場だけで小さな PDCA サイクルが回っているという，相乗効果が出難い形に変質していったようである。

　この状態を見て，日科技連が指導する QC サークル活動はマンネリ化し，発展が止まっているという話[15] も出てきている。しかし，個々の企業内で行われている品質改善活動（QC 活動）そのものは今も活発である。自動車産業の例で見ると，品質改善活動は完全定着し，その一端を担う現場の小集団活動としての QC サークルを通じた改善提案制度が今も継続している。

　これは，自動車会社では，ボトムアップだけに頼る一般的な QC サークル活動に加えて，トップダウンの役割も長らく維持してきたためである。世界的に注目されたトヨタ生産システム（TPS）として賞賛されたトヨタを含む我が国

自動車会社は，欧米流と日本流のアプローチを調和させ，トップダウンとボトムアップを組み合わせて QC 活動をさらに発展させて，日本独自の TQC（Total Quality Control の略称）を開発，発展させた。

　一方，欧米流の TQC[*]（全社的品質管理）を発展させ，TQC の手法を業務および経営全体での品質向上に役立て，顧客からの視点も含めた形にアップグレードされたのが TQM[*]（総合的品質マネージメント，Total quality management の略語）である。1980 年代後半に米国で採用され始めた用語で，日本で先行的に適用が進んでいた TQC に対する上位概念として使われた。1987年 8 月にマルコム・ボルドリッジ国家品質改善法が米国で発行され，同法に基づく MB 賞の授与が開始されてからこの TQM の概念が急速に普及していったようである。

　今では，生産現場でも，QC（品質管理）の代わりに QM（品質マネージメント）という言葉が使われるようになってきた。使用に際しては，両者がカバーする概念に違いがあることに留意されたい。

　統計的品質管理（SQC）→全社的品質管理（TQC）→総合的品質マネージメント（TQM）という流れで発展してきた品質管理手法は，いずれも PDCA サイクルを回して品質を改善しようとする原則で運用される点は変わらない。制御の言葉でいうと，いわゆるフィードバックループを回して結果（製品品質）を改善しようとする手法といえる。

　このフィードバックループを用いる手法では，品質を改善するために製品の検査が不可欠となる。しかし，PDCA サイクルを回すごとにコストがかかるこの手法では，品質とコストの間にはどうしても相反性が発生する。また，この手法では，会社などの組織の体質や文化（会社や製品の設計に相当）が変わらないと，フィードバックループで改善できる余地は少ない。例えば，設計の悪いエンジンを幾ら調整しても高速回転は実現できない，設計の悪い建物は，建て替えるか，改築しない限り住み心地は良くならない，ということと同じことが起こり得る。

---

[*]　日本では，TQC と TQM はどちらも "総合的品質管理" と紹介されることがある。しかし，本書では混乱を避けるために，TQC を全社的品質管理，経営管理を含む内容を TQM：総合的品質マネージメントと記載することにした。

　この問題点に早くから気づいたのが，“標本抽出による推計理論の発展と応用”に関する先駆的な統計研究者である増山元三郎博士に師事して統計学を習得し，品質工学の創始者と呼ばれている田口玄一氏である。実験計画法[16] の大家として我が国では知られている。

　デミングが 1950 年に日本で紹介した PDCA サイクルを幾ら回しても正解は簡単には得られないことに気づき，製品のばらつきを支配する要因を実験計画法を駆使してまず探り，ばらつきが最小となる条件や工法を見つけた後に必要な性能を実現するように設計値を決める，という 2 段階に分けた設計手順を用いる手法を 1950 年代後半に考案した。そして，1957 年に，ベル研究所に先駆けて，当時の最先端技術であるクロスバー交換機を日本独自に完成させて[17]，その効果を示した。

　現在，品質工学会が 2 段階設計やパラメータ設計と呼んでいる手法の原型で，世界的には，ロバストネスの最適化やロバスト設計と呼ばれている。

　この考え方は，生産前の事前調査で最適な設計値を決め，外乱となる“ノイズ”の影響を抑えることができ，生産ラインでの PDCA サイクルを用いた後追い的な品質管理の手間は最小，または省けるという哲学である。品質工学会会誌の初号で，“（品質工学は，）生産に移ってから，市場に出てから発生するトラブルを製品の設計時に，生産工程の設計時に改善・研究ができるための予測方法を提供する技術手段である”[18, 19] と，田口玄一博士は書いている。

　品質は量産の前につくり込みたいという，自動車のような大量生産産業の要望と整合した考え方といえる。また，彼の考えでは，品質の改善はコスト低減の手段とも理解できるので，これも自動車産業の指向と一致している。

　この本質を理解してか，田口博士の“源流で品質を作り込む”という発想は 1960 年代から自動車会社での品質改善手段として組み入れられていた。例えば，トヨタ生産システム（TPS）の 2 本柱といわれている“自働化”と“ジャストインタイム”の内の自働化を田口博士流に解釈すると，全面的な NC やロボットの活用に移るためには生産技術に関するすべての仕様を標準化・文書化し，構造設計や生産設計に対する評価を量産体制確立の前に完了し，実際の量産体制に入った後は，作業者によって生じる可能性が残っている生産工程への不確実性要素，すなわち“ノイズ”を無くすという利点があると理解・説明できる。結果として，製品の品質が安定し，手直し作業の量が抑えられ，生産コ

ストの低減に役立っている。

　また，トヨタ生産システムのもう1つの柱である“ジャストインタイム”は，各工程前の入力となる部品などの一時保管量を減らすことを目的としており，無駄な在庫を抑え，コストの低減に役立つ。しかも，保管期間中に錆や環境による機能劣化の気遣いもしなくてよくなる。天災などにより物流が滞った場合の対策は考慮しておく必要があるが，基本的には，ジャストインタイムはこれら意図しない外乱（ノイズ）を抑えることに役立つ。

　このトヨタ式の品質管理方針を採用すると，もちろん，製品の製造前に結果（品質および性能）を予測し，その実現の可能性評価，実現のための環境整備が必要となるという厳しい課題に直面する。この解決策が自動化（トヨタ流には人偏の付いた自働化）ということになる。製品に対する品質ばらつきの最大の原因となる作業者の要因を除こうということである。

　この方式は，ISO 9000: 1967 の文書中で“特殊工程”（special process，結果として得られる製品の適合が，容易にまたは経済的に保証できないプロセス。品質は作業者の技能によって影響される）と規定され，溶接関係の品質保証規格の基になっている ISO 3834 で想定されている溶接技能者の習熟がないと良好な製品が作れないという立場とは正反対の考えである。

　言い換えれば，製品だけでなく製造や生産工程，素材や部材の受け入れ方法も含めて良い設計を行った結果として，検査をしなくても品質が保証できるシステムが実現でき，素人でも製造ラインを動かせるというものである。PDCAサイクルを前提としたフィードバック的な品質改善システムとは異なったアプローチといえる。

　自動車会社では，鉄鋼メーカーなど，関連業界の協力を得て，素材仕様のデジタルデータ化や実験による各種継手の強度評価，部品だけでなく構造全体をモデル化した CAE（計算機援用工学，Computer Aided Engineering の略語）を活用し，この目標の達成に努めてきた。この成果が，トヨタ生産システムに代表される，各自動車会社が採用している自動車用生産システムである。

　すなわち，製造現場での擦り合せや作業者の技能によって製品の品質を改善しようとするのではなく，量産前の開発と設計の段階で品質を作り込むという思想で生産システムを設計する訳である。最近の報告[20-23]では，製品の品質とコストの70%～90%が生産工程に入る前の設計終了段階までに決まるとい

われていることから考えると，"良い設計をして，品質とコストの課題は製造
体制に入る前に既に解決している"を目標とした方針と言った方が良いかもし
れない。

　良い設計を実現するためには，知識だけでなく知恵の集積とその効率的な活
用が肝要になる。個人ですべての知識や知恵を持って設計ができればそれに越
したことはない。しかし，非現実的である。この解決策として，1990年代初
頭に，トヨタ自動車では生産技術者と設計技術者を大部屋に一堂に集め，設計
図を出図する前に，生産技術者の知恵と工夫を設計図に組み込み，設計が完了
した時点で，すべての事前評価が完了しているシステムを完成させた。この結
果は，生産技術部隊と設計部隊の意思疎通の改善に繋がり，デザイン性に富ん
だ車の設計を可能にするだけでなく，新車の開発・設計期間の短縮や費用の大
幅低減に大いに寄与している[24]。

　品質のばらつきを小さくした後に製品を造るという田口博士の開発した手法
やトヨタ自動車が開発した設計・開発段階で品質を作り込むという手法は，制
御でいえば，フィードフォワード的な考えといえる。最近は，このフィードフ
ォワード的な手法が新しい流れになってきている。（表 A.1 の後半参照）

3　日本の品質管理技術に触発された海外での動き

　日本の品質管理技術が注目され始めたのは，1980年に米国のテレビ放送局
であるNBCが，"日本で出来て，何故私たちは出来ないのか？"というドキ
ュメンタリ番組を放送してからである。このとき，日本躍進のキーマンとして
当時米国では無名であったデミング博士が紹介された。

　当時業績が著しく低下していたフォード社は，この放送を聞いてデミングを
招聘し，1年で業績を急回復させた。米国でPDCAサイクルの再評価が行わ
れたわけである。その後，フォードは，日本のQC研究の中心人物である田口
玄一と石川馨を招請している。

　石川馨博士のTQCに関する講演は，その後，米国モトローラ社のスミス
（Bill Smith）に影響を与えたといわれている[25]。スミスはトップダウンで品質
管理を行う指標として，顧客の使用限界の幅を標準偏差の±6倍とするシック
ス・シグマ（SSと略称。Six Sigma: 6σ）の概念を1986年に発表した[26]。こ
の手法はその後GEで活用され，世界的に拡がった[25]。

　問題解決の手順としては，DMAIC サイクルを利用する。DMAIC サイクルでは，課題の定義（Define）→現状測定（Measure）→分析・抽出（Analyze）→改善・実行（Improve）→管理・制御（Control）という流れを用いる。なお，シックス・シグマの利用ガイドラインは 2011 年に ISO 13063 として国際規格化されている。

　シックス・シグマでは，"100 万回の作業を実施した場合の不良品の発生率を 3.4 回に抑える"ことを目標としている[*)]。

　このように，シックス・シグマの活動ポイントはばらつきの抑制におかれている。この点に注目すると，ばらつきを抑えることを主眼として開発されたタグチメッソドの影響も強く受けていると考える方が理解しやすい。

　品質のばらつきを最小化することを目的として工程の改善と最適化を図るシックス・シグマは，その後，リーン生産システムとの連携性に優れたリーン・シックス・シグマ（LSS, Lean six Sigma）へと発展した。この概念はウィート（Barbara Wheat）によって 2001 年に発表された[27)]もので，製造業で造られている既存の製品や工程の問題解決に対して特に有用とされている。問題解決にはシックス・シグマと同じ手順を採用する。

　新規の製品開発やサービスを含む新規工程の設計を行うための改善を施した手法がデザインフォーシックスシグマ（DFSS : Design for Six Sigma）である[28)]。ブリュー（G. Brue）によって 2002 年に提案された[29)]。手順としては DMADV サイクルを用いる。具体的には，機械の定義（Define）→問題の測定（measure）→分析（Analyze）→設計（Design）→検証（Verify）の順に作業を進め，生産ラインで製品の生産／製造を行う前に問題を未然に解決するための方策を探る方法とされている[30)]。

　1957 年に，日本でその有効性が実証された田口博士の手法（その後パラメータ設計と呼ばれる）と類似な発想である。しかし，手法はまったく異なる。

　分析手段にタグチメッソドや実験計画法も記載されているが，田口博士が米国で 1982 年に講演したはずの 2 段設計やパラメータ設計に関してはまったく

[*)]　標準正規分布で ±6σ（σ：標準偏差）とすると，使用限界から外れる確率は 10 億分の 2 になる。しかし要求値は 100 万分の 3.4 である。違いの原因は，本来持っているばらつきの幅（純誤差という）を，スミスが ±1.5σ と想定し，実際には ±4.5σ から外れる比率を不良品の許容発生率としたためである。

触れられていない。欧米では，未知の予測問題に関してもいまだに PDCA サイクルの概念で対応しようとしているようである。

　これは，1982 年の米国フォードの講演で紹介した田口玄一博士のフィードフォワード的に品質管理の手法が，米国人にとっては難解すぎるためかもしれない。米国では，タグチメソッドが新製品の開発に役立つとは思わないで，単なる製造品の品質向上のための解析手段として理解した[31]ようである。欧米では，ロバストネスという概念は受け入れたものの，彼がフォードで講演した損失関数や 2 段階設計の概念は誤解されて理解されたためか，批判の説明はあっても，内容紹介の話は出ていない[31]。

　なお，彼が提案した実験計画法を中心とした“タグチメソッド”に関しては，ガイドラインの形で 2014 年に ISO 16336 として国際規格化されている。

　東京大学のもの作り経営研究センタの報告書[32]によると。米国で開発された DFSS の手法に，日本の品質工学（タグチメッソド）の手法を組み合わせて，ロバストネスの概念を導入して開発業務全体の見直しを新たに行う企業が増えているとのことである。この報告の著者らは，DFSS で示された手順である DMADV サイクルの最終の“検証”を，ロバストネスを評価して作業を完了させる形に変える方が作業が簡単になり，しかもより効果的な結果を短時間で得られると述べている。

　トヨタ自動車が長い年月手塩にかけて育て上げてきた“トヨタ生産システム（TPS，Toyota Production System）”は，MIT（マサチューセッツ工科大学）のクラフシック（J. F. Krafcik）がまとめた各国自動車会社の生産性と品質およびコストに関する総合調査報告書[33]の表題から，欧米では，リーン[*]生産システム（LPS：Lean Production System）と呼ばれるようになった。今では，リーン生産方式（Lean Manufacturing）と呼ばれている。

　ただし，TPS と LPS の定義は同じではない。

　リーン生産方式では，トヨタ生産方式の内の在庫管理に関係するジャストインタイムの部分に注目した“ムダ”のない生産を行うという点にだけ注目している[34]。その後，ウーマック（J. Womack）とジョーンズ（D. Jones）によっ

---

[*]　　国際自動車プログラムの報告書では，用語“リーン／Lean”は各工程間の中間在庫が少ないことを意味する言葉（引き締まって，痩せていること）として使われている。

て，リーン生産方式の原則が5つ定義された[35]。5つの原則は，製品ごとにその価値を的確に規定，各製品ごとに価値の流れを同定する，中断することなしに価値の流れを作る，顧客に生産者から価値を引き出させる，完璧を追求する，である。立場はトップダウン志向である。

　トヨタ生産システムのもう1つの柱である，自動（働）化に関してはまったく触れられていない。当時，ウーマックらが指揮して進められた MIT の国際自動車プログラムでは，トヨタの自働化は，単なるロボット化だけの意味と単純に理解されていたようである[33, 35]。

附録 2　生産形態から見た橋梁・鉄骨および ボイラ産業と自動車産業の対比

　品質管理の立場から見た厚板産業と自動車産業に違いを表形式で対比して以下にまとめておく。

対比する項目	業　種	
	橋梁鉄骨・ボイラなど	自動車
生産の形式	一品受注生産が原則。	同じ製品を大量生産する。
使用する溶接方法	アーク溶接の利用が中心。	スポット溶接の利用が中心。
製品の大きさ	10～数百 m	数 m
主に使用する板厚	中厚板～厚板	薄板（通常は 3 mm 程度以下）
製品の出荷周期	数週間～数ヶ月以上／1 製品	量産車種は，1 台／1 分～数分[1]
1 日当たりの生産数	定義不可	量産車種は，数百台～約千台／1 日[1]
受注の形式	構造だけでなく，オプションも一品毎に顧客の要望に合わせる。	オプションの選択はあるが，基本構造に対する選択はない。
製品の設計方針	基本は，製品毎にオーダーメイドで設計する。	設計が車種毎に生産者の判断で行う。オーダーメイドはない。
同一設計で造る製品数	1 製品，多くて数製品。	数十万台～数百万台以上。
部品数	部品の総数は構造物の大きさによるが，種類はそれ程多くない。	約 4,000 種類，ねじなどの小物部品までを入れると 2～3 万個。
設計の責任範囲	製品の形状・構造と性能の仕様を図面化し，コストと納期を見積もる。	製品の設計，製品設計の実現可能性評価，製造設計を一体化して行う。品質とコストは設計の責任。
生産技術者の役割	生産全体の管理・指導にあたる。	製品の設計をつくりやすさの観点からサポートし，生産設備を企画・設計する。
製造ライン	切断など多品種に適用できる工程はラインを持つ。溶接ラインは適宜変更するが，1 年程度の継続する製品は，ラインを構築することがある。	専用の製造ラインを立ち上げる。最近は，多車種混合生産ができるラインも実現している。
生産の形態	板材のような素材や溶接材料が中心主要部材は自社内でまかなう。	多様な機能・特性を持った部品を工場に集めて組み立てる。
量産試行	部品レベルで量産することはある。	製造設計と製造ラインに問題点を残さないために，量産前に製造ラインを動作させて確認を行う。
現地作業	一般には，工場で準備作業（部品作成および仮組作業）は行うが，製品は現地で組み立てる。	製造作業は工場内で完結し，現地作業はない。
溶接作業	第三者機関で認定された溶接資格を持った有資格技能者（溶接技能者）が担当。	スポット溶接に関してはラインの監視ができれば OK。特別な資格は不要。

関連法規	従う	従う
ISO や JIS に対する対応	公的な規格や規則に従うのが前提。	単なる参考。自社規格に従う。
溶接品質の管理の基本方針	法規および公的規格，基準に従う。品質は，ISO に従って生産および技能管理して実現。	法規と自社の規則，基準に従う。品質は，良い設計と良い生産システムの構築で実現。
溶接品質確保の方法	溶接施工要領書（WPS）に従て製造し，検査する。	品質は，製品設計と工程管理でつくり込む。要求品質が実現されているかは，量産試行で確認。量産時の製造ラインでの抜取検査はシステムの正常動作確認のために行われるが，ギヤーの電子ビーム溶接部のような重要保安部品に対しては全数検査を行う。
設計部門と製造部門の関係	製品は，受注→設計→工場での詳細設計および製造→現地据付の流れで造られる。顧客の要求品質に対し，製造側は“できばえの品質”を確認し，それに応えている。	新車開発工程（開発→設計→試作→生産）の流れの中で設計品質と製造品質の責任区分が明確にされていたが，今では，開発・設計段階に生産技術者が参画し，両者の事前合意で良い製造品質が実現されている。

注1）自動車での生産台数や出荷周期は車種や状況によって変化する。

以下に生産／製造に関連する情報を，参考としてまとめておく。

生産技術者の役割：

  製造装置の開発・設計・導入

  製造ラインの設備設計・設備導入

  製造設備の品質および性能維持

  新規製造ラインの立ち上げ

  製造プロセスの開発・工程設計

  人員の配置計画

  工程管理

  作業標準の見直し

通常，生産技術者の役割ではないが，生産技術には，製品の設計，在庫管理，資材管理，日常管理等多くの内容が含まれることが多い。

なお，広辞苑によると

 生産：production　　：人間が自然働きかけて，人にとって有用な材・サービスを作り出すこと

 製造：manufacturing：原料を加工して製品とすること

と定義されている。用語としての“生産”と“製造”は違うようであるが，本書では，両者を特には区別しないで用いている。

附録3　モニタリングパラメータの物理的意味と計測上の留意点

1　各種モニタリングパラメータの物理的意味

　現在市販されているモニタリング装置では，溶接電流 i とチップ間電圧 v を計測するものが多い。チップ間電圧の代わりに，計測されたチップ間電圧と電流波形からチップ間抵抗 R を計算してモニタリングする手法もある[1]。今ではあまり報告されないが，溶接中の電極加圧力 P や溶接中の電極移動量 x が有用な溶接品質に関係する計測情報であることは今も変わらない。

　これらのモニタリングパラメータの物理的意味と役割を以下に説明する[2]。

1.1　スポット溶接部での溶接電流の流れ方と等電位面の特徴

　図1に，スポット溶接部での電流の流れを示す電流線と，これと直角になる等電位面（等電位線ともいう）を示す。電極の中心線上を通る断面で求めた分布図で表している。図 (b) 中の記号 d_e および d_c は，それぞれ，板―電極間及び板―板間の通電径を表している。

　溶接電流は，板―電極間および板―板間に堰（せき）を設けた場合のような流れになる。等電位面は，この電流線と直交する形になる。

　図1の等電位面は，被溶接材の鋼板と電極材料の固有抵抗が1桁以上違う鋼板を用いた場合で示してある。電極中での等電位面は粗い分布になっている。これに対し，図には示していないが，被溶接材と電極材料の固有抵抗の大きさの差が小さいアルミニウムなどを溶接する場合は，電極内での等電位面の間隔

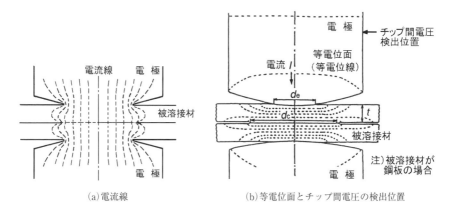

(a)電流線　　　　　　　　(b)等電位面とチップ間電圧の検出位置

図1　スポット溶接部での電流の流れ方を示す電流線の等電位面の形

は狭くなる。被溶接材料との組合せによって，電極中での等電位面の間隔が変化することに留意されたい。

1.2　チップ間電圧

　チップ間電圧 v は，図1の電流線に沿って，その場所の電流密度 δ にその馬場所の固有抵抗 ρ を掛けて，板厚方向に線積分した値として求めることができる。式で表すと（1）式の形になる。

$$v = \int_a^b \rho\delta\, dl \tag{1}$$

　実際の計算は，電極中心軸上を板厚方向に積分すればよい。通常の薄板をスポット溶接する場合の被溶接材中での電圧降下量は，板厚方向の電流密度を一定と想定できるので，本文コラム7の図A.8に示したような計算結果があれば，この図から推算できる。これに溶接部の平均温度から推測できる固有抵抗値に溶接部の総板厚を掛ければ大凡の電圧値が求まる，それに上下電極内での電圧降下量を加えたものが，計測するチップ間電圧ということになる。

$$q = \rho\delta^2 \tag{2}$$

　溶接部各部の発熱密度 q の値は上記（2）式で決まる。ナゲットが形成されたときの固有抵抗の板厚方向分布を一定と仮定すると，このチップ間電圧が高いほど，溶接部の電流密度，すなわち発熱密度が高くなることになる。この意味で，チップ間電圧は溶接部の発熱密度を反映するパラメータといえる。

　しかし，溶接部の温度上昇は次の（3）式で記述され，この（3）式の右辺の最後の項として記載された溶接部の発熱項は，電流値 i と通電径 d およびチップ間電圧 v 使い，電極部の電圧降下を無視すると，（4）式と書き直せる。

$$\frac{\partial T}{\partial t_w} = \frac{1}{C\sigma}\left\{\frac{1}{r}\frac{\partial}{\partial r}\left(Kr\frac{\partial T}{\partial r}\right) + \frac{1}{r^2}\frac{\partial}{\partial \theta}\left(K\frac{\partial T}{\partial \theta}\right) + \frac{\partial}{\partial z}\left(K\frac{\partial T}{\partial z}\right)\right\} + \frac{\rho\delta^2}{C\sigma} \tag{3}$$

　　ここで：T：温度，r，θ，z：座標，t_w：時間，C：比熱，σ：密度，
　　K：熱伝導率，ρ：固有抵抗，δ：電流密度。

$$q = \rho\delta^2 \propto \frac{16\bar{\rho}i^2}{\pi^2 d^4} = \frac{v^2}{\bar{\rho}(\Sigma t_i)^2} \tag{4}$$

　ここで，q は発熱密度，$\bar{\rho}$ は板厚方向の固有抵抗の平均値。Σt_i は総板厚。

　この式は，溶接部の入熱を正しく評価するためには，チップ間電圧を一乗の形で利用するのではなく，二乗値に換算して評価する方が論理的であることを意味している。実際，筆者らが開発した散りとナゲット径の同時モニタリングシステムでは，チップ間電圧の二乗値を採用して成功している[3,4]。

1.3　チップ間抵抗

　チップ間抵抗 R は，板厚 t と平均の通電径 d および母材の固有抵抗 ρ の値を利用して (5) 式で表現できる。（式は同じ板厚を2枚重ねた場合，枚数に応じて値 "2" の変更が必要。）

$$R = \frac{2\bar{\rho}t}{\pi d^2/4} \cdot f(d, t) \qquad (5)$$

　ただし，板―電極間通電径 d_e と板―板間通電径 d_c が同じ場合の関数 $f(d, h)$ については，本文コラム7の図 A.8 参照。通電径 d_e と d_c の値が異なる場合には修正が必要となる。

　板厚が一定の場合，このチップ間抵抗の値は溶接部の通電面積（通電径の二乗）の大きさを代表する。従来の経験則では，散り発生限界電流直下の電流を用いた場合，すなわち RWMA の推奨溶接条件を用いた場合，通電径はナゲット径の 1.1 倍程度になっていると言われており，基本的には，推定された通電径の値はナゲット径をほぼ反映しているといえる。チップ間抵抗がナゲット径推定のモニタリングパラメータとしてよく利用されてきた理由はここにある。

　しかし，(5) 式に見るように，この抵抗値だけから通電径，すなわちナゲット径を推算すると平方根の関係の精度値でしか推定精度は確保できない。通電路面積の推定手法としてこの値を利用した方がこの (5) 式を活かしやすい。

　ただし，この (5) 式は測定した時点の通電面積は計算できても，次の時間ステップでの通電径を予測することには利用できない。

　スポット溶接部の通電面積 S は，通電の初期を除けば，本来は電極加圧力 P と溶接部の材料強度（高温硬さ）によって決まる値である。電極加圧力 P と母材の降伏応力 σ_Y を用いると。(6) 式として表すことができる。

$$S = P/A\sigma_Y \cdot g(d/t) \qquad (6)$$

　ここで，σ_Y：材料の平均降伏応力，S：通電面積（$=\pi d^2/4$），
　　　　$g(d/t)$：板厚効果を表す補正関数，A：補正係数（3程度の値）

この式は，電極加圧力 P が与えられて始めて，通電径の将来値の予測が可能となることを意味している。溶接品質のモニタリングだけでなく，より有用な適応制御を行いたい場合には，電極加圧力の測定も不可欠となる。

1.4　電極移動量

電極移動量 x の計測結果は，次式に示すように，溶接部の平均温度を代表する指標として利用されてきた。

$$x \propto \int_a^b \alpha T \, dl - h_{ind} \simeq \alpha \bar{T} t_t - h_{ind} \tag{7}$$

ここで，α は溶接部の線膨張係数，h_{ind} はくぼみ発生にともなう溶接部への電極の押込み量。$\bar{T}$ は通電径の範囲内で求めた溶接部の平均温度。

曲率半径の大きなラディアス形（R 形）電極などを採用して，溶接部表面でのくぼみの発生が抑えられる場合，この電極移動量は溶接部の平均温度を代表することになる。しかし，自動車会社で主に採用されている電極先端が 8 mm の曲率半径を持ったドーム形電極や，RWMA の推奨条件表に記載されている CF 形の電極を採用した場合には，(7) 式の第 2 項が無視できなくなる。

このため，電極移動量 x の観察値は，計測パラメータの意味や原理は理解しやすいが，使いづらいモニタリングパラメータといえる。

本文 3.4.2.3 項の図 3.33 で説明したように，同じ計測装置を利用しても，各打点ごとに電極間距離を測定する方法として活かす方が得策と考えられる。

理由は，チップ間電圧やチップ間抵抗の情報をより役立てるためには，総板厚情報の実測が欠かせないためである。すなわち，通電前に電極を接触させて原点位置を決め，ここからの電極間距離を測定すると，前記の (1) 式と (5) 式の板厚項が推測値ではなく実測値に置き換わり，通電径や電流密度の推測精度が改善できるためである。

また，各打点ごとに電極の原点確認ができるため，電極の異常消耗などの確認も行えるという利点がある。

ただし，この概念を通常の低剛性な溶接ガンに対して適用しようとした場合，相対的に剛性の低い電極アームのたわみ量変化が無視できなくなる。この部分のたわみ量も併せて計測する必要が出てくる。このたわみ量は電極アーム部に作用する加圧力測定を同時に行うことで補正できるので，この意味からも電極加圧力の測定は必要である。

1.5　溶接電流

溶接電流 i は，（4）式に示したように，通電面積と併せて溶接部の発熱密度 q の値を主に支配する。また，計測したチップ間電圧波形に重畳されている誘導電圧ノイズを除去するための基本データとなる。溶接品質モニタリングのためには不可欠な計測量である。

1.6　電極加圧力

電極加圧力 P は，上でも述べたように，（6）式の関係を利用して通電面積を求めるために必要なパラメータとである。溶接品質モニタリングのために必要不可欠な計測パラメータではないが，計測することが望ましい。

理想的には，チップ間電圧と溶接電流，およびこれらの計測値から計算されるチップ間抵抗，上下電極間間隔計測のための電極移動量に加えて，電極加圧力（X 形ガンでは上下両アームに対して，C 形ガンでは固定側電極アームに対して）を計測することが望ましい。

2　モニタリングパラメータ計測上の留意点と対処方法[2]

2.1　溶接電流計測上の留意点

スポット溶接用の溶接電流計測では，一般に，**図2** に示すようなトロイダルコイルを用いた方法が採用される。宮地電子（現，㈱アマダ）が溶接電流計としてこの方式を製品化してから世界的に広く利用された。しかし，電流検出コイルから出力される電圧が電流波形の微分値であり，この出力電圧を積分しないと電流波形にならない[5] ことを理解している方は少ない。

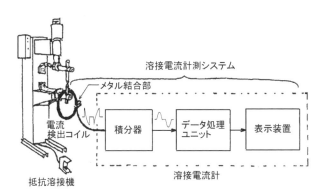

図2　トロイダルコイルを用いた溶接電流の計測方法

電流の微分波形を検出するということは，本来の計測対象は交流専用ということである。インバータ溶接機の電流波形のような直流電流波形を観察するのは原理的には向いていない。この用途に，以前は，同軸シャントやホール素子を電流検出部として利用した電流計が採用されていた[5]。

しかし，電気回路的に特別な工夫をしたアナログ積分回路やデジタル積分ユニットを組み込むことによってこの問題は解決された。現在では，溶接電流計と言えば，トロイダルコイルを用いる電流波計を指すようになっている。

高級な溶接電流計では，溶接電圧の計測端子も追加されている。この装置1つを持ってくればチップ間電圧と溶接電流が同時に計測・記録でき，モニタリングパラメータの採取には好都合という環境が整えられている。

しかし，通常市販されている溶接電流計ではノイズ処理を行った後の電流波形や電圧波形が出力されているものが多い。スポット溶接中の生の電流・電圧波形を観察するために市販の汎用溶接電流計を採用する場合は，溶接電流計の内部回路と位相変化も含めた周波数特性について購入前に調べておくことが肝要となる。

また，一般に使用されているベルト形のトロイダルコイルは変形しやすいという弱点がある。コイルの断面が変化するとトロイダルコイルの出力電圧も変化する。使用に際しては，トロイダルコイルを無理に引張ったり，叩いたりしてはいけない。温度でも断面積は変化する。トロイダルコイルを校正した状態から大幅にずれた温度で使用してもいけない[6]。

このような変形の問題が出ていないかどうかの確認のために，定期的な検定や校正が不可欠となる。

2.2　チップ間電圧およびチップ抵抗計測上の留意点

スポット溶接中にモニタリングデータを計測すると，数kA〜数十kAという大電流の溶接電流によって測定回路に誘起された誘導電圧が加算される[7]。（この誘導電圧波形は溶接電流波形に対して位相が遅れる。単一波長の正弦波で説明すると90°ずれる。）

チップ間電圧は，電極チップまたはチップホルダ先端近くで測定する。

ただし，チップ間電圧の計測に際して，電極チップ先端に電圧検出リード線を取りつけた場合でも，溶接電流による誘導電圧分が計測値に加算される。さらに，チップ間電圧の測定点から板—電極界面までの抵抗分（10〜20μΩ程

度）に起因する電圧降下分が加算される。チップ間抵抗は，鋼板の場合でも
100〜200$\mu\Omega$程度であるので，この電極での抵抗分は無視できない。

　これらを併せて式で表すと（8）式となる。

$$v = R \cdot i + L\frac{di}{dt} + M\frac{di}{dt} + R_e \cdot i \qquad (8)$$

　ここで，i：測定した溶接電流，v：電極チップ間で測定した電圧，R_e：電極
の抵抗，M：計測回路との誘導リアクタンス，L：溶接部の自己リアクタンス。

　本当に求めたい値は，右辺の第1項だけである。他の項の影響を取り除いた
形で溶接部の真の電圧を求めることが肝要となる。

　（8）式中の右辺第3項に示す溶接電流に起因する誘導電圧の大きさは，溶接
電流によって発生した磁気と交差する計測ケーブルの空間の広さで決まる。電
圧計測線を撚って電極の先端に取り付ける実験室では問題化しないで済むこと
が多い。しかし，実生産ラインで計測する場合には，この測定のリード線は上
下のアームに沿って取りつけ必要があるため，この誘導電圧を無視することは
できない。測定電圧は，実は誘導電圧による大きなノイズが加算されて測って
いるということに注意されたい。

　溶接部での正しい電圧降下量や抵抗値Rを求めるためには，誘導電圧分と
電極での抵抗分を差し引いて計算することが肝要となる。

　適応制御抵抗溶接装置で世界をリードしている溶接制御装置メーカのMa-
tuschekやHarms Wemdeが，彼らのシステムをインバータ直流溶接機にし
か適用しないように制限している[7,8]のは，この誘導電圧によるS/N比の低下
を避けるためである。

　電極先端に電圧検出線を取りつけるのは管理が難しいので，チップ間電圧の
検出線を溶接変圧器の二次側端子に取りつけ，**図3**に示す溶接変圧器の二次
端子電圧v_2を計測すると良いという考えが時々出ている。

　この考えは，溶接機の使用中に，二次ケーブルの抵抗分r_2とリアクタンス
成分L_2の大きさが変わらないという前提があれば成り立つ。しかし現実に
は，溶接中に二次ケーブルの温度が上昇し，ケーブルの抵抗値が通電期間中一
定という仮定は成り立たない，また，二次ケーブルやシャンク（電極ホルダ）
を交換すると二次回路の抵抗が大幅に変化することが多い。リアクタンスも，
鉄系の溶接物をスポット溶接する場合には，溶接機のふところに入る被溶接物

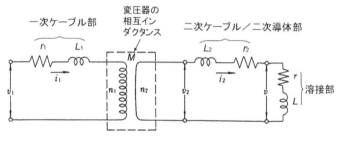

図3 抵抗溶接機の電気回路表示

の大きさによって変化する。汎用的に使用するには問題がある電圧計測位置といえる。

　なお，この溶接変圧機の二次電圧を計測する方法は，二次ケーブルの劣化判断を行う方法として利用するのなら有用な方法といえる。

2.3　溶接電流によって生じる誘導電圧の影響を除去する方法

　溶接電流による誘導電圧除去は，インバータ直流溶接機を用いた場合でももちろん必要である。しかし，電流の立ち上がり部分を除いて，電流変化が少ない定常電流状態での観測においては影響を無視することができる。

　これに対し，交流溶接機でモニタリングデータを採取する場合は溶接電流による誘導電圧の影響を除去しないと，信頼できる計測データにはならない。

　この交流溶接機で計測したデータから誘導ノイズ分を除去する方法は，条件付きではあるが，数学的には既に確立されている。電極移動量や電極加圧力の時間変化を検出する場合のように，検出対象の基本周波数域とノイズとなる溶接電流の周波数域が離れている場合は，高速フーリエ変換（FFT）やウェーブレット変換を利用して，溶接電流のよって生じた誘導電圧分を比較的簡単に除去できる。

　高速フーリエ変換技術は，通電の半サイクルごとにリアルタイムにデータ処理してフィードバック制御する必要があるアダプティブ制御する場合に有効となる。しかし，溶接後に多少時間を掛けても良い場合は，周波数領域の情報以外に時間領域の情報も残すことができるウェーブレット変換の利用が勧められる。フーリエ変換の方法に比べて周波数分析の解像度が良くなる。

　これに対し，計測対象の周波数領域が，誘導ノイズを発生させる溶接電流と

同じ周波数と重なるチップ間電圧から，溶接電流による誘導電圧分をノイズとして除去することは，上で述べた周波数分析技術では不可能である。周波数領域での処理とは異なる手段が必要となる。

これまでに種々の方法が試みられてきた。代表的には次の4つの方法がある。

a)　キャンセリングコイルを用いて計測した電圧と計測されたチップ間電圧を減算処理して誘導電圧分を消去する[5]，

b)　計測データの変換時間が数十 ns 以下という超高速サンプリングができる計測装置を用いてチップ間電圧と溶接電流の同時サンプリング計測を行い，$di/dt_w = 0$ となる瞬間の値だけ記録する，

c)　電流→電圧→電流と順に計測を繰り返し，電圧計測の前後で計測された2つの電流計測値の平均値を電圧計測と同時刻の電圧と見なし，$di/dt_w = 0$ となる瞬間の値を求める[9]。低コストな逐次変換型の AD 変換器を利用できるように b) の手法を改良した方法，

d)　1～2 ms 以内のごく短時間で見れば，(3.8) 式に示した自己リアクタンスや相互リアクタンスの値は変化しないと仮定し，この短時間に計測された数点以上の電流および電圧の測定データ群を最小二乗法で処理して，抵抗分 $(R + R_e)$ とリアクタンス分 $(L + M)$ を区別して同時に同定する[3]。

抵抗成分とリアクタンス成分を同時同定する d) の方法を用いてリアルタイムに溶接電流に起因する誘導ノイズを除去した例を**図4**に示す[9]。

図 3.39 中の右上の窓には，リアクタンス分を除去した後の電流，電圧波形，および動抵抗波形が重ねて，また左の窓には電流—電圧のリサージュ曲線（リサージュ図ともいう）を表示している。（図は通電第1サイクル目のリサージュ曲線）

溶接電流による誘導電圧がかなり大きな場合は，a) のキャンセリングコイルを用いる方法でノイズ成分をまず低減しておき，その後，c) や d) の方法で処理すると推定精度が良くなる。なお，b) の方法は情報量の割に装置コストが高くなるのであまり推奨できない。

2.4　電極での電圧降下量の校正方法

実験室的にはチップ間電圧の検出位置を電極先端部にとることも可能であるが，現実の製造ラインでは電極の頻繁な交換は避けられないので難しい。電極

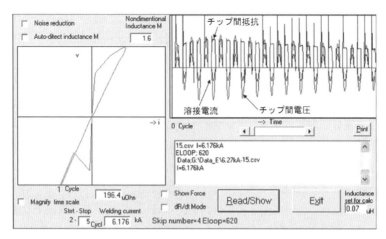

図4　溶接電流による誘導電圧を除去した後の電圧,電流および抵抗波形

　チップに電圧検出線を取りつけておくと,電極取り替え時に断線する可能性が高いだけでなく,自動電極交換システムの採用も不可能となる。このため,チップ間電圧の検出点は電極ホルダ部に設置することが推奨される。

　このホルダ部の位置では,電極部の抵抗 R_e による電極での電圧低下分がかなり大きくなるだけでなく,電極の交換などにともなってその値が変動する可能性が高い。

　前述の3.4.2.3項で述べた電極間距離測定のためのゼロ点確認を行うときに同時に通電も行って電極での抵抗分を計測するのが望ましい。

　ただし,この計測に際しては実際の溶接電流に近い電流を流す必要がある。そして各試験通電の後期の値で決定する必要がある,1,000 A 程度以下の小電流ではなじみの悪いままで通電が終了するので,いわゆる接触抵抗が残っていて正確な測定にはならない。

附録4　スポット溶接の品質管理に関係する JIS および ISO 規格一覧

4.1　抵抗溶接溶接用語および試験方法に関する ISO 規格

スポット溶接に関連する国際規格（ISO 規格と IEC 規格）を**附表4.1**〜 **4.4**に示す。

附表4.1　溶接用語および試験方法に関するISO規格

ISO 番号	規 格 名 称
\multicolumn{2}{用　語}	
17677-1	Resistance welding – Vocabulary – Part 1: Spot, projection and seam welding
25901-6	Welding and allied processes – Vocabulary – Part 6: Part 6: Resistance welding (This ISO is not published yet)
\multicolumn{2}{試 験 方 法}	
10447	Resistance welding – Testing of welds – Peel and chisel testing of resistance spot and projection welds
14270	Resistance welding – Destructive testing of welds – Specimen dimensions and procedure for mechanized peel testing resistance spot, seam and embossed projection welds
14271	Resistance welding – Vickers hardness testing (low load and microhardness) of resistance spot, projection and seam welds
14272	Resistance welding – Destructive testing of welds – Specimen dimensions and procedure for cross tension testing resistance spot and embossed projection welds
14273	Resistance welding – Destructive testing of welds – Specimen dimensions and procedure for tensile shear testing resistance spot, seam and embossed projection welds
14323	Resistance welding – Destructive testing of welds – Specimen dimensions and procedure for impact tensile shear test and cross-tension testing resistance spot and embossed projection welds
14324	Resistance spot welding – Destructive tests of welds – Method for the fatigue testing of spot welded joints
14329	Resistance welding – Destructive tests of welds – Failure types and geometric measurements for resistance spot, seam and projection welds (This ISO was withdrawn because ISO 1767-1 includes the contents.)
17653	Resistance welding – Destructive tests on welds in metallic materials – Torsion test of resistance spot welds
17654	Resistance welding – Destructive tests of welds – Pressure test of resistance seam welds
18592	Resistance welding – Destructive testing of welds – Method for the fatigue testing of multi-spot-welded specimens

附表4.2 計測および管理に関するISO規格

ISO 番号	規格名称
	計 測
17657-1	Resistance welding – Welding current measurement for resistance welding – Part 1: Guidelines for measurement
17657-2	Resistance welding – Welding current measurement for resistance welding – Part 2: Welding current meter with current sensing coil
17657-3	Resistance welding – Welding current measurement for resistance welding – Part 3: Current sensing coil
17657-4	Resistance welding – Welding current measurement for resistance welding – Part 4: Calibration system
17657-5	Resistance welding – Welding current measurement for resistance welding – Part 5: Verification of welding current measuring system
18594	Resistance spot-, projection- and seam-welding – Method for determining the transition resistance on aluminium and steel material
	品質管理
14554-1	Quality requirements for welding – Resistance welding of metallic materials – Part 1: Comprehensive quality requirements
14554-2	Quality requirements for welding – Resistance welding of metallic materials – Part 2: Elementary quality requirements
15609-5	Specification and qualification of welding procedures for metallic materials – Welding procedure specification – Part 5: Resistance welding
15607	Specification and qualification of welding procedures for metallic materials – General rules
15611	Specification and qualification of welding procedures for metallic materials – Qualification based on previous welding experience
15613	Specification and qualification of welding procedures for metallic materials – Qualification based on pre-production welding test
15614-12	Specification and qualification of welding procedures for metallic materials – Welding procedure test – Part 12: Spot, seam and projection welding
15614-13	Specification and qualification of welding procedures for metallic materials – Welding procedure test – Part 13: Upset (resistance butt) ad flash welding
16338	Welding for aerospace application – Resistance spot and seam welding
	人の管理
14732	Welding personnel – Qualification testing of welding operators and weld setters for mechanized and automatic welding of metallic materials
	作業ガイドライン（スポット溶接関係のみ）
14373	Resistance welding – Procedure for spot welding of uncoated and coated low carbon steels
18278-1	Resistance welding – Weldability – Part 1: General requirements for the evaluation of weldability for resistance spot, seam and projection welding of metallic materials
18278-2	Resistance welding – Weldability – Part 2: Evaluation procedures for weldability in spot welding
18278-3	Resistance welding – Weldability – Part 3: Evaluation procedures for weldability of spot weld bonding
18595	Resistance welding – Spot welding of aluminium and aluminium alloys – Weldability, welding and testing

附表4.3 抵抗溶接機器に関するISO規格

ISO 番号	規 格 名 称
	溶 接 機 器
669	Resistance welding – Resistance welding equipment – Mechanical and electrical requirements
693	Dimensions of seam welding wheel blanks
865	Slots in platens for projection welding machines
1089	Electrode taper fits for spot welding equipment – Dimensions
5182	Resistance welding – Materials for electrodes and ancillary equipment
5183-1	Resistance welding equipment – Electrode adaptors, male taper 1: 10 – Part 1: Conical fixing, taper 1: 10
5183-2	Resistance spot welding – Electrode adaptors, male taper 1: 10 – Part 2: Parallel shank fixing for end-thrust electrodes
5184	Straight resistance spot welding electrodes
5821	Resistance welding – Spot welding electrode caps
5822	Spot welding equipment – Taper plug gauges and taper ring gauges
5826	Resistance welding equipment – Transformers – General specifications applicable to all transformers
5827	Spot welding – Electrode back-ups and clamps
5828	Resistance welding equipment – Secondary connecting cables with terminals connected to water-cooled lugs – Dimensions and characteristics
5829	Resistance spot welding – Electrode adaptors, female taper 1: 10
5830	Resistance spot welding – Male electrode caps
6210-1	Cylinders for robot resistance welding guns – Part 1: General requirements
7285	Pneumatic cylinders for mechanized multiple spot welding
7286	Graphical symbols for resistance welding equipment
7931	Insulation caps and bushes for resistance welding equipment
8167	Resistance welding – Embossed projection welding – Projections for resistance welding
8205	Resistance welding equipment – Water-cooled secondary connection cables
8430-1	Resistance spot welding – Electrode holders – Part 1: Taper fixing 1: 10
8430-2	Resistance spot welding – Electrode holders – Part 2: Morse taper fixing
8430-3	Resistance spot welding – Electrode holders – Part 3: Parallel shank fixing for end thrust
9312	Resistance welding equipment – Insulated pins for use in electrode back-ups
9313	Resistance spot welding equipment – Cooling tubes
10656	Resistance welding equipment – Transformers – Integrated transformers for welding guns
20168	Resistance welding – Locking tapers for electrode holders and caps
22829	Resistance welding equipment – Transformers – Integrated transformer-rectifier for welding guns operating at 1000 Hz

附表4.4　抵抗溶接機器の電気安全に関するIEC規格

IEC 番号	規 格 名 称
電 気 安 全	
62135-1	Resistance welding equipment – Part 1: Safety requirements for design manufacture and installation
62135-2	Resistance welding equipment – Part 2: Electromagnetic compatibility (EMC) requirements
EC 62822-3	Electric welding equipment – Assessment of restriction related to human exposure to electromagnetic fields (0 Hz to 300 GHz) – Part 3: resistance welding equipment

4.2　米国でのスポット溶接関連規格

米国溶接協会（AWS/American Welding Society）で制定されているスポット溶接性関連する規格とハンドブック名を**附表4.5**に示す。

附表4.5　抵抗溶接関係のAWS規格とハンドブック

AWS 番号	規 格 名 称
D8.1M	Specification for automotive welding quality-Resistance spot welding of steel
D8.2M	Specification for automotive weld quality-Resistance spot welding of aluminum materials
D8.9	Recommended practices for test methods for e valuating the resistance spot welding behavior of automotive sheet steel materials
A10.1M	Specification for calibration & performance testing of secondary sensing coils and welding current monitors used in single phase AC resistance welding (Historical)
J1.1M/J1.1	Specification for resistance welding controls
J1.2M/J1.2	Guide to installation and maintenance of resistance welding machines
J1.3/J1.3M	Specification for materials used in resistance welding electrodes and tooling
AWS RWPH	Resistance welding pocket handbook

4.3　スポット溶接に関係する日本の国内規格

JIS と WES が規格化されている関連規格として**附表4.6 〜 4.9**に示す。

附表4.6　スポット溶接機関係のJIS規格

JIS 番号	規 格 名 称	対応 ISO
C 9304	スポット溶接用電極	ISO 1089 ISO 5183 ISO 5184 ISO 5821 ISO 5829 ISO 5830
C 9305	抵抗溶接装置	ISO 669
C 9313	重ね抵抗溶接機用制御装置	対応 ISO 無し
C 9317	ポータブル・スポット溶接機用溶接変圧器	対応 ISO 無し
C 9318	ポータブル・スポット溶接機用水冷二次ケーブル	ISO 8205
C 9319	抵抗溶接機用サイリスタスタック	対応 ISO 無し
C 9323	抵抗溶接機用変圧器―全変圧器に適用する一般仕様	ISO 5826
C 9325	抵抗溶接機用電極加圧力計	対応 ISO 無し

附表4.7　溶接プロセスおよび試験方法規格

JIS 番号	規 格 名 称	対応 ISO
Z 3001-6	溶接用語―第 6 部：抵抗溶接	ISO 17677-1*
Z 3136	抵抗スポット及びプロジェクション溶接継手の引張せん断試験に対する試験片寸法及び試験方法	ISO 14273
Z 3137	抵抗スポット及びプロジェクション溶接継手の十字引張試験に対する試験片寸法及び試験方法	ISO 14272
Z 3138	スポット溶接継手の疲れ試験方法	ISO 14324
Z 3139	スポット，プロジェクション及びシーム溶接部の断面試験方法	対応 ISO 無し
Z 3140	スポット溶接部の検査方法	対応 ISO 無し
Z 3144	スポット及びプロジェクション溶接部の現場試験方法	ISO 10447
Z 3234	抵抗溶接用銅合金電極材料	ISO 5182

注）開発中の ISO 25901-6 に変更予定

附表4.8　スポット溶接に関係するWES規格

WES 番号	規 格 名 称	対応 ISO
WES 1107	鋼板用スポット溶接電極の寿命評価試験方法	ISO 8166
WES 6206	抵抗溶接用電流計	ISO 17657-2
WES 7301	スポット溶接作業標準（炭素鋼及び低合金鋼）	ISO 14373
WES 7302	スポット溶接作業標準（アルミニウム及びアルミニウム合金）	ISO 18595
WES 7303	スポット溶接作業標準―ステンレス鋼	対応 ISO 無し

附表4.9　溶接用WES安全規格

WES 番号	規 格 名 称
9009-1	溶接，熱切断及び関連作業における安全衛生　第1部：一般
9009-2	溶接，熱切断及び関連作業における安全衛生　第2部：ヒューム及びガス
9009-3	溶接，熱切断及び関連作業における安全衛生　第3部：有害光
9009-4	溶接，熱切断及び関連作業における安全衛生　第4部：電撃及び高周波ノイズ
9009-5	溶接，熱切断及び関連作業における安全衛生　第5部：火災及び爆発
9009-6	溶接，熱切断及び関連作業における安全衛生　第6部：熱，騒音及び振動

附録 1　引用文献

1) 近藤正恒，グローバル生産に対応する自動車ボデー溶接技術―自動車産業の溶接工程に携わる技術者への備忘録―，溶接学会誌，88-8 (2019), pp. 591-593
2) トヨタ自動車75年史，資料で見る75年の歩み，TQM，https://www.toyota.co.jp/jpn/
3) QES S 1001: 2007, 品質工学用語（基本），品質工学会規格
4) A. W. Shewhart, "Quality control chart", Bell System Technical Journal, 1926-10
5) H. F. Dodge, H. G. Romig, A Method of Sampling Inspection, Bell System Technical Journal, 1929-10
6) A. W. Shewhart, Economic Control of Quality of Manufactured Products, Asq Press, 1931
7) 鐘 亜軍，品質管理の歴史的展開―日本版TQMを中心に―，桃山学院大学環太平洋圏経営研究，7 (2006-1), pp. 117-132
8) A. W. Shewhart, 1939. Statistical Method from the Viewpoint of Quality Control. Department of Agriculture. Dover, 1986, page 45. https://www.praxisframework.org/en/library/shewhart-cycle.
9) JIS Q 9000 シリーズ等を参照
10) W・エドワーズ・デミング，ウィキペディア・フリー百科事典，https://ja.wikipedia.org/wiki/
11) 松山欽一，加瀬充，はじめてのスポット溶接，産報出版，2022, p. 195
12) W. E. Deming, Out of the Crisis, MIT press, 1989, p. 75
13) 溶接学会編，新版 溶接・接合技術入門，産報出版，2008, p. 216
14) 溶接学会編，新版 溶接・接合技術特論，産報出版，2005, p. 293
15) 小川慎一，問題解決のための協働―日本企業における小集団活動の歴史，日本労働研究雑誌，No. 720, 2020-07, pp. 4-13
16) 田口玄一，実験計画法（上），丸善，1957, 同（下），1958
17) 田口 伸，父，田口玄一，応用統計学，42-3, (2013), pp. 189-195
18) 田口玄一，品質工学の歩みと現状，品質工学，1-1, (1993), pp. 8-14
19) 古澤正孝，田口玄一の考え方の構造化（2），品質工学，28-6, pp. 9-22
20) 寺倉 修，品質とコストの8割を決めるもの，日経クロステック，https://xtech.nikkei.com/atcl/nxt/column/
21) ASTEC活動報告書，生産革命新講座，第6回：生産設計によるコストダウン https://ast-c.co.jp/activity/report06.html
22) 開発設計段階における品質工学の考え方の活用，https://foundry.jp/bukai/wp-content/uploads/2012/07/e4806f10b0797ec0932d9317dd92a533.pdf
23) Brian Fynes, Sean De Brúca, The effects of design quality on quality performance, International Journal of Production Economics, 96-1, (2005), pp. 1-14
24) ヘラー・ダニエル，柴田裕通，トヨタにおけるチーフ・エンジニアと生産工程開発―重層的ミドル構造の展開―，横浜経営研究，42-3/4, (2022), pp. 61-76
25) ウィキペディア，シックスシグマ，https://ja.wikipedia.org/wiki/
26) Motorola Annual Report 1986, Motorola CEO Quality Award, 1986 for Bill Smith
27) Barbara Wheat; Partners, Publishing. Leaning into Six Sigma: The Path to Integration of Lean Enterprise and Six Sigma, 2001, Mike Carnell, Chuck Mills, Barbara Wheat, Leaning Into Six Sigma: A Parable of the Journey to Six Sigma and a Lean Enterprise, 2003
28) Wikipedia, Design for Six Sigma, https://en.wikipedia.org/wiki/Design_for_Six_Sigma
29) Greg Brue, Robert Launsby, Design for Six Sigma, McGraw Hill Professional, 2003
30) DFSSとは何か，https://leansixsigmastudy.wordpress.com/2016/01/01/dfss
31) Wikipedia, Taguchi Methods, https://en.wikipedia.org/wiki/Taguchi_methods
32) 田口 伸，増田陽介，稲垣雄史，立本博文，糸久正人，タグチ・メッソド（品質工学）とDFF，東京大学COEものづくり経営研究センター，MMRC Discussion Paper, No. 212 (2008)
33) J. F. Krafcik, Triumph of the Lean Production System, MIT Slone Management Review, Fall 1988, pp. 41-52
34) Wikipedia, Lean manufacturing, https://en.wikipedia.org/wiki/Lean_manufacturing
35) Jams P. Womack, Daniel T. Jones, Lean Thinking, Simon and Schuster, 2003, p. 10

附録3　引用文献

1）里中，スポット溶接部の品質モニタリングと検査方法，軽構造接合加工研究委員会ワーキンググループ報告，溶接学会，(1998), p. 99

2）松山欽一，スポット溶接部の品質保証技術，溶接学会誌，Vol. 83 (2014), No. 8, pp. 10-23

3）K. Matsuyama, Capturing Monitoring Data during Resistance Welding, 5th International Seminar on Advances in Resistance Welding, #5-1, 2008-09

4）K. Nishiguchi, K. Matsuyama, Influence of current wave form on nugget formation phenomena when spot welding thin steel sheets, Welding in the World, Vol. 25 (1987), No. 11/12, p. 222

5）抵抗溶接での電流・電圧計測と品質制御への応用，溶接技術者のための計測・制御技術基礎講座テキスト，軽構造接合加工研究委員会 (1993)

6）K. Matsuyama, Current measurement in resistance welding, AWS Sheet Metal Welding Conference XI (2004), Paper 3-2

7）U. Matuschek, K. Poell, Spot welding with adaptive process control IIW Doc. III-1346-05 (2005)

8）R. Bothdfeld, IQR-quality recognition system for spot welding, IW Doc. III-1344-05 (2005)

9）松山，抵抗溶接用統合型品質保証システムについて，軽構造接合加工研究委員会資料，MP-441-2008, (2008)

索　引

〔著者略歴〕

松山欽一（まつやまきんいち）　工学博士
　1969 年 3 月：大阪大学溶接工学科卒業／1972 年 4 月：大阪大学工学部教官に任官（溶接工学科）／1996 年 11 月：マサチューセッツ工科大学（MIT）客員研究員（材料工学科）／1998 年 4 月：MIT 客員教授（機械工学科）／2012 年 9 月：大阪大学接合科学研究所招聘教授／現在：Smart Welding Technologies 社代表
　その間，各種アーク溶接，各種熱切断，スポット溶接現象と品質保証技術の研究に従事。
　溶接学会・軽構造接合加工研究員会委員長，IIW（国際溶接学会）第 III 委員会（抵抗溶接，固相接合及びその関連接合方法）委員長，IIW 規格委員会副委員長，IIW・C-XVIII（品質管理）委員会委員，国際標準化機構/ISO/TC44（溶接）委員会委員，国際標準化機構 ISO/TC44/SC6（抵抗溶接及び固相接合）委員会委員，同 SC10（品質管理）及び SC11（要員認証）委員会委員等を歴任。2003 年：溶接学会・業績賞／2004 年：国際溶接学会 トーマスメダル（溶接関係国際規格作成への貢献のため）／2016 年：日本溶接協会・業績賞等を受賞。現在，溶接学会フェロー

近藤正恒（こんどうまさつね）　工学博士
　1971 年 3 月：東北大学工学部金属材料工学科卒業／トヨタ自動車工業入社／2010 年 3 月：東北大学大学院後期博士課程修了／2012 年 8 月トヨタ自動車ボデー生技部退職／一般社団法人愛知県溶接協会参与／現在：NPO 法人テクノプロス理事
　その間，自動車ボデー，シャシー，排気系部品の溶接技術開発や生産準備に携わり，国内外の溶接工場の生産支援に従事した。溶接学会理事 3 期，企画委員，編集委員，東海支部長等を歴任。日本溶接協会技術賞，溶接学会田中亀久人賞他受賞。現在，溶接学会特別員並びに溶接学会フェロー

スポット溶接での品質管理と品質保証
—自動車ボデー大量生産のオペレーション—

2024年4月25日 初版第1刷発行

著　者　　松山欽一　　　近藤正恒
発行者　　久木田　裕
発行所　　産報出版株式会社
　　　　　〒101-0025　東京都千代田区神田佐久間町1-11
　　　　　TEL. 03-3258-6411／FAX. 03-3258-6430
　　　　　ホームページ　https://www.sanpo-pub.co.jp/
印刷・製本　株式会社精興社